应用型高校产教融合教材

高等学校新工科计算机类专业系列教材

大数据综合应用实践教程

DASHUJU ZONGHE YINGYONG SHIJIAN JIAOCHENG

主　编　高　敏　李　野　刘春媛

副主编　郑　婧　朱　琳　于　婷

　　　　刘　滨　李士明　郑有新

西安电子科技大学出版社

内 容 简 介

本书主要介绍大数据技术的综合应用，全书分为 3 篇。第 1 篇为数据采集，通过 3 个项目分别介绍 3 种不同的数据采集技术，其任务实战部分给出了完成数据采集的步骤。第 2 篇为数据分析与可视化，通过 4 个项目分别介绍 4 种不同类型数据分析及可视化方法，并通过任务实战给出了项目的操作步骤及相关代码。第 3 篇为数据运维，通过 3 个项目分别对 3 种组件进行运维，处理常见的故障问题。

本书具有较强的系统性和实践指导性，可作为应用型本科院校培养应用型人才的教材，也可作为大数据行业从业者和爱好者的学习参考书。

图书在版编目(CIP)数据

大数据综合应用实践教程 / 高敏，李野，刘春媛主编. -- 西安：
西安电子科技大学出版社, 2025. 8. -- ISBN 978-7-5606-7736-1

Ⅰ. TP274

中国国家版本馆 CIP 数据核字第 20252AF217 号

策　　划　刘小莉
责任编辑　刘小莉
出版发行　西安电子科技大学出版社(西安市太白南路 2 号)
电　　话　(029)88202421　88201467　　邮　　编　710071
网　　址　www.xduph.com　　　　　　电子邮箱　xdupfxb001@163.com
经　　销　新华书店
印刷单位　陕西日报印务有限公司
版　　次　2025 年 8 月第 1 版　　　2025 年 8 月第 1 次印刷
开　　本　787 毫米×1092 毫米　1/16　印　　张　10
字　　数　230 千字
定　　价　30.00 元
ISBN 978-7-5606-7736-1
XDUP 8037001-1
*** 如有印装问题可调换 ***

前 言

在当今数字化浪潮奔涌的时代，大数据已成为驱动各行业变革与创新的核心力量。全国各高校都在加强大数据专业人才的培养，深入且高效地掌握大数据综合应用技能，成为高校毕业生适应市场需求的重要保证。

根据中华人民共和国人力资源和社会保障部发布的《新职业——大数据工程技术人员就业景气现状分析报告》，中国大数据行业人才需求规模在未来 5 年内将保持 30%～40% 的增幅，这表明大数据专业人才将迎来广阔的职业发展空间。从大数据技术岗位典型工作任务来看，大数据平台的搭建与维护、数据采集与预处理、数据分析与挖掘、数据可视化展示等环节，均需要具有扎实技术功底和丰富实践经验的技术人才。

为帮助读者系统地掌握大数据综合应用技能，我们编写了本书。本书根据数据处理流程，采用"前置任务＋基本理论＋任务实战＋考核评价"的项目化模式介绍各项目内容。全书包含 10 个项目，即 Excel 数据采集、Python 数据采集、日志数据采集、时间序列数据分析与可视化、文本数据分析与可视化、分类数据分析与可视化、比例数据分析与可视化、HBase 组件运维、Hive 组件运维和 Spark 组件运维。

本书在编写过程中以项目为载体，采用理论讲解与操作演示相结合的方法，先夯实知识根基，再通过真实场景案例引导读者实操演练，确保知识的有效吸收与转化。

本书为校企合作"双元"编写的教材。刘春媛、朱琳、刘滨编写了第 1 篇，高敏、郑有新、于婷编写了第 2 篇，李野、郑婧、李士明编写了第 3 篇，北京华育兴业科技有限公司在本书编写过程中提供了大量的技术支持和项目案例。

由于编者水平有限，书中难免存在不足，敬请读者批评指正。

编 者

2025 年 4 月

目 录

第1篇 数 据 采 集

第 2 篇　数据分析与可视化

第3篇　数　据　运　维

第1篇　数　据　采　集

数据采集是从原始数据中提取有价值信息的第一步，它为各个领域的发展提供了坚实的数据基础，是实现智能化决策、优化运营和推动创新的关键环节。本篇通过理论与实践相结合的方式，帮助学习者全面掌握使用 Excel、Python 和 Flume 这 3 种不同工具采集数据的方法。

Excel 数据采集项目主要介绍如何使用 Excel 获取 MySQL 数据库中的数据，阐述 Excel 爬取网页中数据的方法，最后通过任务实战让学习者巩固所学知识。

Python 数据采集项目通过概述和讲解 Python 数据采集的相关知识与网络爬虫原理，使学习者能够熟练掌握 Python 数据采集的基本技能，实现高效的数据采集。

日志数据采集项目阐述 Flume 核心组件，介绍 Flume 运行机制，探讨 Flume 的可靠性，并对 Flume 的安装与配置方法进行介绍，让学习者能够在实践中熟悉 Flume 数据采集的操作。

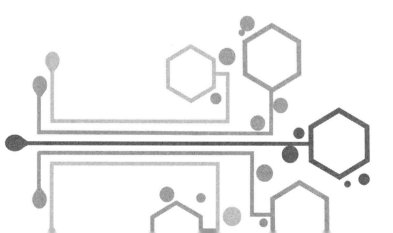

项目 1

Excel 数据采集

项目介绍

在互联网行业快速发展的今天，数据采集已经被广泛应用于电商行业、金融行业、医疗行业、物流行业、社交媒体等互联网及分布处理领域。以社交媒体分析应用为例，首先，通过采集用户在社交媒体平台上发布的内容及点赞、评论、分享等数据，了解用户的兴趣爱好和社交行为，为平台的内容推荐和广告投放提供依据；其次，分析用户的兴趣标签和社交关系网络，向用户推荐个性化的内容和广告，提高用户的参与度和平台的广告收入；最后，利用采集到的用户反馈数据、用户活跃度数据等，优化用户体验和提高用户留存率与忠诚度。

在众多的业务场景中，数据都是以各种形式分散存储的。Excel 作为广泛使用的办公软件，常常是数据存储的重要载体之一。然而，手动处理大量的 Excel 数据既耗时又容易出错。因此，开展 Excel 数据采集可以高效、准确地收集和整合这些数据，为后续的分析和决策提供坚实的基础。

学习目标

• 知识：了解数据采集的概念及其在现实世界中的应用场景，理解 Excel 2016 数据连接向导的基本概念和功能，掌握将外部数据源导入 Excel 工作簿的方法并提取数据。

• 技能：熟练使用 Excel 2016 的数据连接功能；能够根据实际需求，选择合适的数据源并设置正确的连接参数；能够运用所学的数据连接和采集技能，解决实际工作中遇到的数据处理问题。

• 态度：培养对数据采集和处理的兴趣、热情以及对网络数据的敏感性。

项目要点

数据采集，Excel 2016 数据连接向导，外部数据库数据的获取，表(Table)型网页数据的获取，设计表格样式。

【建议学时】8 学时。

前置任务

1. 在计算机端下载并安装 Excel 2016 和 MySQL 数据库。

2. 了解在 Excel 2016 中，有哪些方式可以导入外部数据。

3. 了解数据连接向导在导入数据时，如何处理和显示导入的数据。

4. 对于不同类型的外部数据源(如数据库、网页等)，了解在 Excel 2016 中导入数据的具体步骤和注意事项有何不同。

1.1　Excel 2016 数据采集功能与实现

Excel 2016 是美国微软公司开发的一款电子表格软件，其功能强大，不仅可以帮助用户完成数据的输入、计算和分析等诸多工作，而且还能够方便、快速地完成图表的创建，直观地展现表格中数据之间的关联。

Excel 2016 的数据连接功能允许用户将来自不同数据源的数据导入 Excel 工作表。这些数据源可以是外部数据表，也可以是数据库、网页等。通过使用数据连接，用户可以轻松地更新数据，创建动态数据报告和分析。

下面介绍 Excel 2016 数据连接向导的一些基本概念和功能。

(1) 数据源：提供数据的地点或系统，可以是本地文件、网络服务器、数据库、SQL 查询或网页等。

(2) 外部数据：来自数据源的数据，这些数据可以被 Excel 连接和使用。

(3) 数据连接：建立在外部数据源之上的 Excel 对象，它定义了如何从数据源获取数据以及如何在 Excel 中使用这些数据。

(4) 数据连接向导：一个操作向导，帮助用户通过一系列步骤创建和管理数据连接。

(5) 刷新数据：通过数据连接导入的数据可以随时刷新，以确保显示的是最新数据。

(6) 数据类型：数据连接向导允许用户指定数据类型，如文本、数字、日期等，这有助于 Excel 正确地解释和使用导入的数据。

(7) 映射字段：在导入数据时，用户可以将数据源中的字段映射到 Excel 工作表中的列，以便数据的组织和分析。

(8) 筛选和排序：数据连接支持在导入数据之前进行筛选和排序操作，这样可以只导入用户需要的数据，或者按照特定的顺序组织数据。

(9) 导入模式：数据连接可以设置为导入全部数据或在发生变化时仅更新变化的部分。

通过使用 Excel 2016 的数据连接向导，用户可以轻松地将外部数据集成到电子表格中，实现数据的自动化处理和分析，这大大提高了工作效率，使得数据管理变得更加便捷和高效。Microsoft Excel 2016 的主界面如图 1-1 所示。

图 1-1　Microsoft Excel 2016 的主界面

1.2　Excel 获取 MySQL 数据库中的数据

Excel 2016 可以获取外部数据库的数据，如 MySQL、Access 等数据库，但在此之前需新建数据源并进行连接。以 MySQL 数据库为例，需要新建与连接一个 MySQL 数据源，然后在 Excel 2016 中导入数据，具体过程如下。

1. 新建与连接 MySQL 数据源

步骤 1：打开【ODBC 数据源管理程序(64 位)】对话框。

在计算机【开始】菜单中打开【控制面板】窗口，依次选择【系统和安全】→【管理工具】菜单。在弹出的【管理工具】窗口中，双击【ODBC 数据源(64 位)】程序，弹出【ODBC 数据源管理程序(64 位)】对话框，如图 1-2、图 1-3 所示。

图 1-2　运行 ODBC 数据源(64 位)

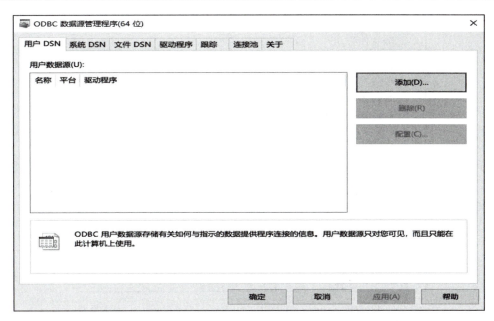

图 1-3　建立连接

步骤 2：打开【创建新数据源】对话框。

在【ODBC 数据源管理程序(64 位)】对话框中单击【添加】按钮，弹出【创建新数据源】对话框，如图 1-4 所示。

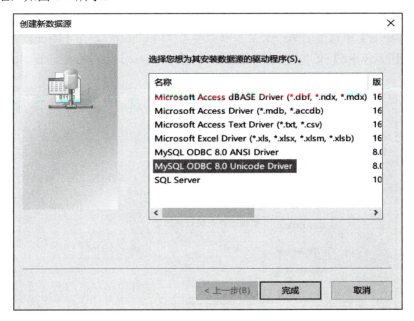

图 1-4　创建新数据源

步骤 3：打开【MySQL Connector/ODBC Data Source Configuration】对话框。

在【创建新数据源】对话框中的【选择您想为其安装数据源的驱动程序】列表框中选中【MySQL ODBC 8.0 Unicode Driver】选项，单击【完成】按钮，弹出【MySQL Connector/ODBC Data Source Configuration】对话框，如图 1-5 所示。

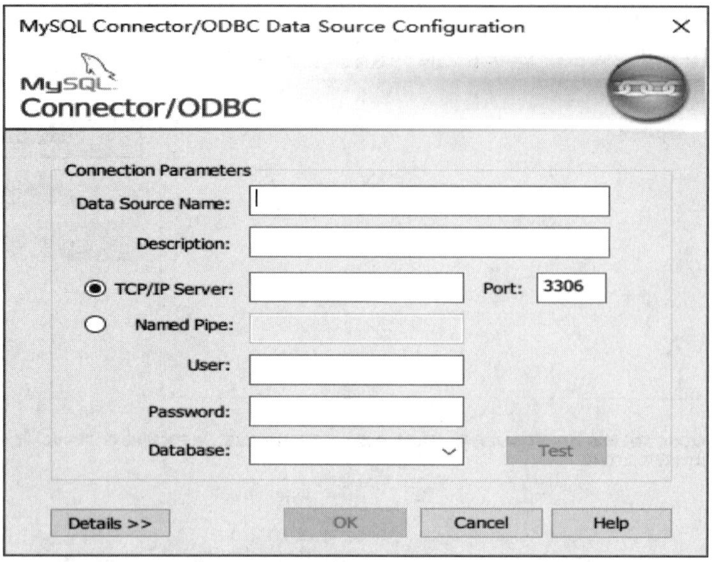

图 1-5　MySQL Connector/ODBC Data Source Configuration 操作界面

说明：因为作者使用的 MySQL 为英文版，所以在 ODBC 连接 MySQL 时，【MySQL Connector/ODBC Data Source Configuration】对话框为英文界面。

步骤 4：设置参数。

在【MySQL Connector/ODBC Data Source Configuration】对话框的【Data Source Name】文本框中输入"会员信息"，在【Description】文本框中输入"某餐饮企业的会员信息"，在【TCP/IP Server】单选框的第一个文本框中输入"localhost"，在【User】文本框中输入用户名，在【Password】文本框中输入密码，在【Database】下拉框中选择"data"，如图1-6 所示。

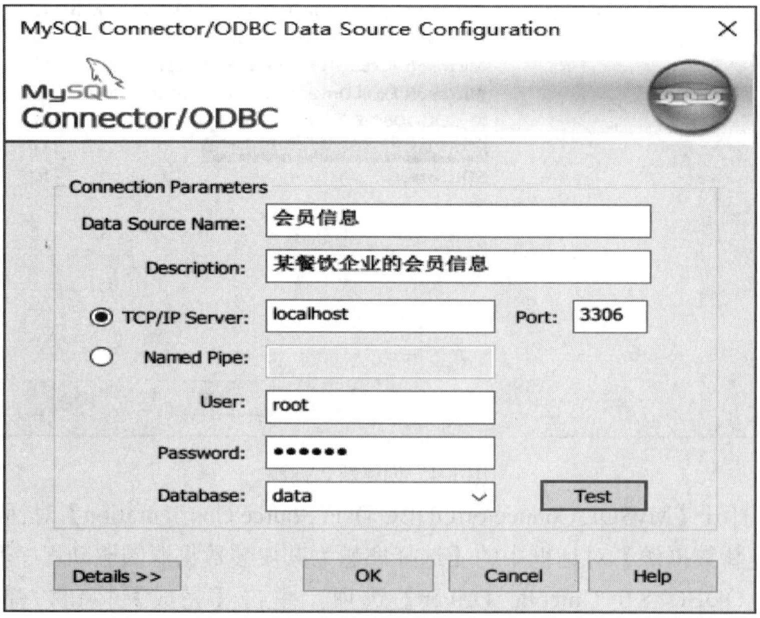

图 1-6　MySQL Connector/ODBC Data Source Configuration 信息录入界面

步骤 5：测试连接。

单击图 1-6 中的【Test】按钮，弹出【Test Result】对话框，若显示"Connection Successful"，则说明连接成功，如图 1-7 所示，单击该图中的【确定】按钮返回【MySQL Connector/ODBC Data Source Configuration】对话框。

图 1-7　测试成功

步骤 6：确定添加数据源。

单击图 1-6 中的【OK】按钮，返回【ODBC 数据源管理程序(64 位)】对话框，如图 1-8 所示，单击【确定】按钮即可成功添加数据源。

图 1-8　数据源添加成功

2. 导入 MySQL 数据源的数据

步骤 1：打开【数据连接向导－欢迎使用数据连接向导】对话框。

创建一个空白工作簿，在【数据】选项卡的【获取外部数据】命令组中，单击【自其他来源】命令，在下拉菜单中选择【来自数据连接向导】命令，如图 1-9 所示。

图 1-9   选择【来自数据连接向导】命令

步骤 2：选择要连接的数据源。

在【数据连接向导－欢迎使用数据连接向导】对话框的【您想要连接哪种数据源】列表框中选择【ODBC DSN】，单击【下一步】按钮，如图 1-10 所示，弹出【数据连接向导－连接 ODBC 数据源】对话框。

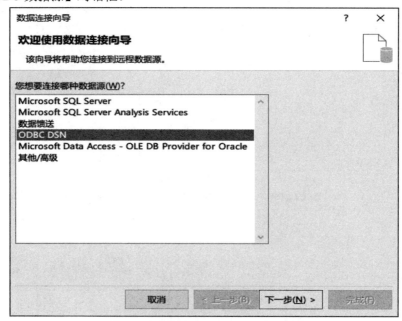

图 1-10   选择【ODBC DSN】数据源

步骤 3：选择要连接的 ODBC 数据源。

在【数据连接向导－连接 ODBC 数据源】对话框的【ODBC 数据源】列表框中选择【会员信息】，单击【下一步】按钮，如图 1-11 所示，弹出【数据连接向导－选择数据库和表】对话框。

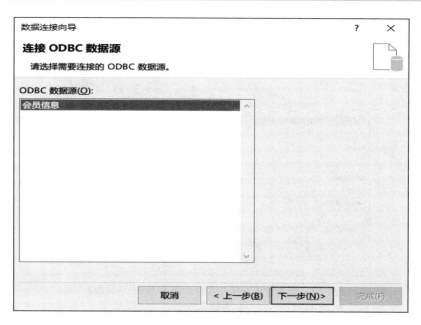

图 1-11　选定【会员信息】

步骤 4：选择包含所需数据的数据库和表。

在【数据连接向导－选择数据库和表】对话框的【选择包含您所需的数据的数据库】列表框中单击下拉按钮，在下拉列表中选择"data"，在【连接到指定表格】列表框中选择"info"，单击【下一步】按钮，如图 1-12 所示，弹出【数据连接向导－保存数据连接文件并完成】对话框。

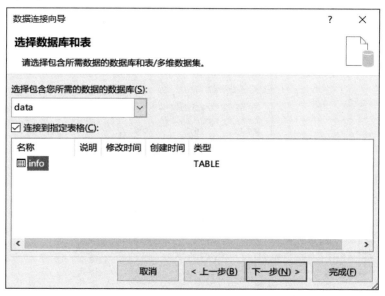

图 1-12　选择包含所需数据的数据库和表

步骤 5：保存数据连接文件

在【数据连接向导－保存数据连接文件并完成】对话框中，默认文件名为 data info.odc，单击【完成】按钮，如图 1-13 所示，弹出【导入数据】对话框。

图 1-13   保存数据连接文件并命名为"data info.odc"

步骤 6：设置导入数据的显示方式和放置位置。

在【导入数据】对话框中，默认选择【现有工作表】单选框，选择单元格 A1，再次单击 🖳 按钮，如图 1-14 所示，单击图中的【确定】按钮即可导入 MySQL 数据源的数据，导入成功后如图 1-15 所示。

图 1-14   导入数据

	A	B	C	D	E	F	G	H	I
1	会员号	会员名	性别	年龄	入会时间	手机号	会员星级		
2	982	叶亦凯	男	21	2014/8/18 21:41	18688880001	三星级		
3	984	张建涛	男	22	2014/12/24 19:26	18688880003	四星级		
4	986	莫子建	男	22	2014/9/11 11:38	18688880005	三星级		
5	987	易子歆	女	21	2015/2/24 21:25	18688880006	四星级		
6	988	郭仁泽	男	22	2014/11/21 21:45	18688880007	三星级		
7	989	唐莉	女	23	2014/10/29 21:52	18688880008	四星级		
8	990	张馥雨	女	22	2015/12/5 21:14	18688880009	四星级		
9	991	麦凯泽	男	21	2015/2/1 21:21	18688880010	四星级		
10	992	姜晗昱	男	22	2014/12/17 20:14	18688880011	三星级		
11	993	杨依萱	女	23	2015/10/16 20:24	18688880012	四星级		
12	994	刘乐瑶	女	21	2014/1/25 21:35	18688880013	四星级		
13	995	杨晓畅	男	49	2014/6/8 13:12	18688880014	三星级		
14	996	张昭阳	女	21	2014/1/11 18:16	18688880015	四星级		
15	997	徐子轩	女	22	2014/10/1 21:01	18688880016	三星级		

图 1-15   MySQL 数据源数据导入成功

1.3　Excel 爬取网页中的数据

这里以直接导入 TABLE 格式网址为例，介绍 Excel 爬取网页中的数据的操作步骤。

步骤 1：打开想要爬取数据的网址，复制网址信息，如图 1-16 所示。

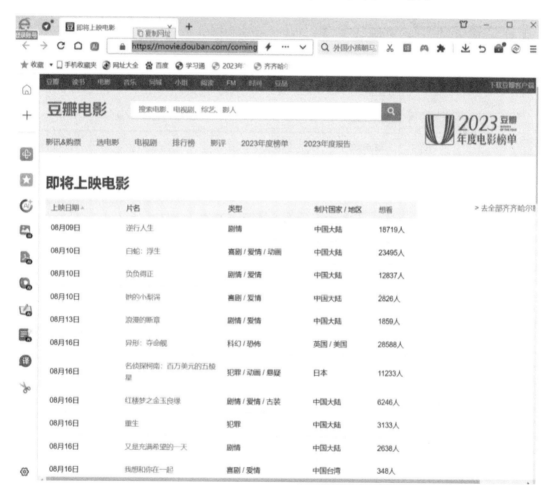

图 1-16　打开豆瓣电影数据网址

步骤 2：新建 Excel 表格，依次选择【数据】→【获取数据】→【自其他源】→【自网站】，如图 1-17 所示，将网址粘贴至相应位置，单击【确定】按钮，如图 1-18 所示。

步骤 3：在导航器中单击【表 1】，显示为爬取的数据，单击【加载】按钮，生成数据，如图 1-19 所示。

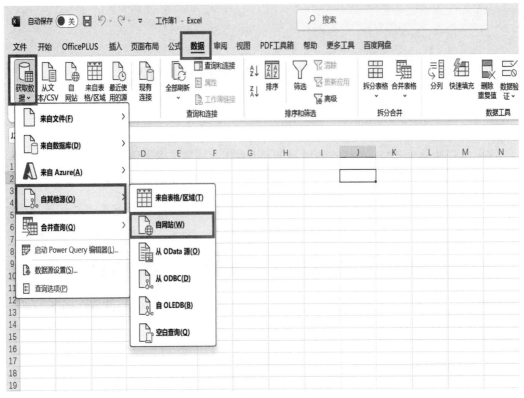

图 1-17　选择自网站获取数据

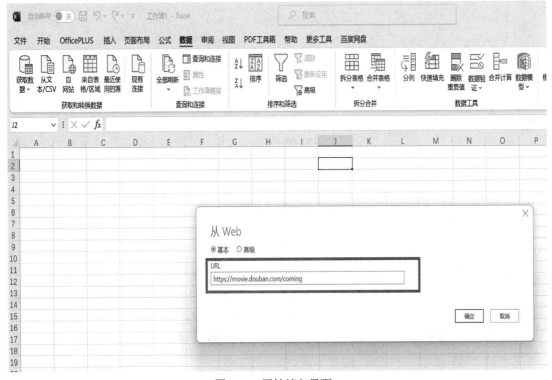

图 1-18　网址填入界面

图 1-19　数据爬取情况

步骤 4：设计并确定表格样式，如图 1-20 所示。

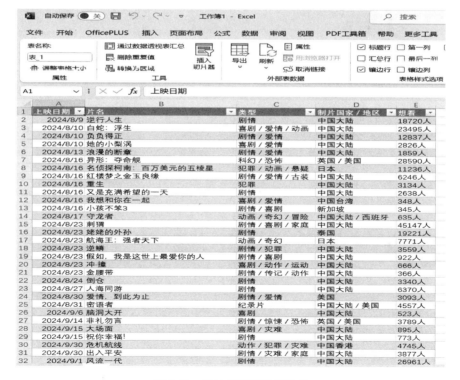

图 1-20　设计并确定表格样式

1.4　任务实战

利用 Excel 爬取"证券之星"网站中的基金净值数据，并以"证券之星基金净值数据"命名工作表，如图 1-21 所示。导入成功后结果如图 1-22 所示。

图 1-21　"证券之星"网站中基金净值数据

图 1-22　数据导入成功

【学习产出】

学习产出考核评价表如表 1-1 所示。

表 1-1　学习产出考核评价表

评价要素	评 价 标 准	评价方式		分值	得分
		小组评价	教师评价		
职业素养	1. 网络数据的敏感性和保护隐私的意识。 2. 能够认识到数据连接和采集技能在学习和工作中的重要性，养成持续学习和提升技能的习惯			20	
专业能力	1. 能够准确无误地完成数据连接向导的各个步骤，并且在导入数据时能够注意到细节，保证数据连接的准确性和可靠性。 2. 能够理解和应用数据连接向导中的不同选项和功能，能够通过 Excel 连接 MySQL 数据库，并获取所需数据导入工作簿，数据导入正确，无缺失。 3. 能够掌握使用 Excel 2016 爬取 TABLE 格式的网页数据的方法，能够设计并确定表格样式，数据导入正确，无缺失，表格样式清晰。 4. 能够针对遇到的连接或导入问题进行分析和解决			70	
创新能力	1. 多角度解析问题并提出可行性解决方案。 2. 其他方面的创新性举措			10	
总分					
教师评语					

项目 2

Python 数据采集

项目介绍

在当今数据驱动的时代，获取准确、全面的数据对于企业和研究机构至关重要。Python作为一种强大的编程语言，拥有丰富的库和工具，使其成为网络爬虫开发的理想选择。本项目聚焦网络爬虫技术，通过 Python 实现从网页抓取数据、解析结构化信息(HTML/JSON)、存储数据等核心功能，并通过豆瓣电影 TOP250 和腾讯招聘等实战案例，掌握数据采集的完整流程。

学习目标

· 知识：理解网络爬虫的工作原理与分类(通用/聚焦/增量式爬虫)，掌握 Requests 库的 HTTP 请求方法(GET/POST)，熟悉 XPath/BeautifulSoup/JSONPath 解析技术，了解反爬虫机制与应对策略。

· 技能：使用 Requests 库模拟浏览器行为，通过 XPath/BeautifulSoup 提取 HTML 数据，解析 JSON 格式动态数据，实现数据持久化存储(CSV/Excel/数据库)，编写完整的爬虫项目(含反爬策略)。

· 态度：培养认真严谨的工作态度和数据采集的法律意识，养成代码规范与数据清洗的职业素养。

项目要点

Python 数据采集概述，网络爬虫基础，BeautifulSoup 数据解析，Scrapy 框架的使用，动态网页的数据采集，数据存储与管理。

【建议学时】8 学时。

前置任务

1. 具备 Python 编程能力并安装相关库。
2. 掌握 HTML 和 CSS 等基本的网页结构。
3. 了解网页的 robots.txt 文件以及相关法律法规。

2.1　Python 数据采集基础

2.1.1　Python 数据采集的定义与重要性

数据采集是指在多样化的数据存储形式中，根据具体需求进行有针对性的数据提取过程。在大数据时代，数据采集是数据分析、数据挖掘等后续工作的基础，对于提取有价值的信息、支持决策制定具有重要意义。Python 作为一种强大的编程语言，因其丰富的库和框架支持，成为数据采集领域的首选工具之一。

2.1.2　数据采集的主要方式

在大数据技术架构中，数据采集环节作为数据处理流程的起始阶段，扮演着从多样化数据源中提取有价值信息的核心角色。随着信息技术的不断进步，数据采集手段呈现出日益丰富的多样性，针对不同应用场景，必须依据数据源的特性来选择相应的采集策略。本节将从实现工具、应用场景、关键技术等多个维度对数据采集的相关内容进行系统性梳理与解析。

1. 网络爬虫

网络爬虫是一种按照一定的规则，自动地抓取万维网信息的程序或者脚本。它模拟人类在网页上的行为，通过发送 HTTP 请求获取网页内容，并解析网页内容以提取所需信息。

2. 应用场景

搜索引擎(如谷歌、百度)、舆情分析与监测、聚合平台(如返利网、慢慢买)、出行类软件(如飞猪、携程)等。

3. 关键技术

发送 HTTP 请求、解析网页内容(如使用 BeautifulSoup、JSOUP 等解析库)、存储数据(如关系型数据库 MySQL、非关系型数据库 MongoDB、文件存储 CSV 等)。

4. 数据库访问

数据库技术作为数据管理的核心手段，在现代信息系统中占据关键地位。关系型数据库系统采用结构化查询语言进行数据操作，而非关系型数据库则针对大数据时代的多样化需求，提供了更灵活的数据存储结构，如文档型、键值对型和列式存储等。

(1) 关系型数据库：如 MySQL、Oracle、SQL Server 等，使用表格、行和列来组织数据，通过 SQL 语言进行数据操作。

(2) 非关系型数据库：如 MongoDB(文档数据库)、Redis(键值存储)、Cassandra(列式数据库) 等，不依赖传统的表格结构，使用文档、键值对、列或图等结构来存储数据。

5. 访问方式

通过 Python 的数据库连接库(如 PyMySQL、PyMongo 等)实现对数据库的访问和数据提取。

6. 文件读取

(1) 文件类型：包括文本文档(TXT、DOC、PDF、XLS/XLSX、CSV 等)、二进制文件(图片、音频、视频等)。

(2) 读取方式：使用 Python 的文件操作函数(如 open())和特定的库(如 Pandas 读取 CSV 文件)来读取文件内容。

7. API 接口调用

许多网站和平台提供了 API 接口，允许开发者通过发送 HTTP 请求来获取数据。Python 的 Requests 库等可以方便地发送 HTTP 请求并处理响应数据。

2.1.3　数据采集的工具与框架

互联网数据呈现爆炸性增长的背景下，高效的数据采集工具与框架对于信息获取具有至关重要的支撑作用。根据应用场景与技术需求的差异，开发者可选择以下工具以实现数据抓取与处理：

(1) Scrapy：一个基于 Python 的开源网络爬虫框架，支持分布式爬取、异步处理等功能，适用于大规模网站的数据采集。

(2) BeautifulSoup：一个 HTML/XML 解析器，可以方便地从 HTML 中提取数据。

(3) Requests：一个 HTTP 库，用于发送 HTTP 请求和处理响应。

(4) Selenium：一个自动化测试工具，也可以用于数据采集。它可以模拟浏览器行为，通过控制浏览器实现页面自动化操作和数据抓取。

2.1.4　数据采集的注意事项

数据采集过程中，技术实现仅是其中的一环，确保采集行为的合法性、可持续性以及数据高质量同样至关重要。以下是需要重点关注的几个核心问题：

(1) 遵守法律法规：在进行数据采集时，必须遵守相关法律法规，尊重网站的 robots.txt 协议，不得采集涉及个人隐私或商业机密的信息。

(2) 合理控制访问频率：高频率地访问网站可能导致服务器压力增大甚至瘫痪，因此应合理控制访问频率。

(3) 应对反爬虫机制：一些网站会采取反爬虫措施，如验证码、IP 封禁等。爬虫程序需要采取相应的技术手段来规避这些措施。

(4) 数据清洗与整理：采集到的数据往往需要进行清洗和整理，如去重、处理缺失值等，以便于后续的分析和应用。

2.2　网络爬虫基础

2.2.1　网络爬虫的定义

网络爬虫又称网络蜘蛛、网络机器人，它是按照一定规则自动浏览万维网的一种程序或脚本，该程序能够将互联网的网页下载到本地并提取相关的数据。通俗地讲，网络爬虫就是一个模拟用户浏览万维网行为的程序或脚本，这个程序可以自动请求万维网，并接收从万维网返回的数据。网络爬虫能够浏览的信息量大且效率也高。

2.2.2　聚焦网络爬虫基本原理及实现过程

网页关系的建模图如图 2-1 所示。

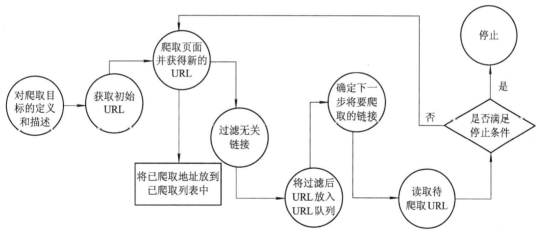

图 2-1　网页关系的建模图

聚焦网络爬虫技术是一种针对特定主题或领域的专门化信息采集方法，其核心机制在于运用智能策略筛选与目标主题高度相关的网页资源。与全网遍历的通用网络爬虫不同，定向网络爬虫通过构建目标模型、链接过滤以及优先级调度来实现精确的信息采集。其标准实现流程可细分为以下几个关键步骤：

(1) 对爬取目标的定义和描述。在聚焦网络爬虫中，首先要依据爬取需求定义好该聚焦网络爬虫爬取的目标，以及进行相关的描述。

(2) 获取初始的 URL。

(3) 根据初始的 URL 爬取页面，并获得新的 URL。

(4) 从新的 URL 中过滤掉与爬取目标无关的链接。因为聚焦网络爬虫对网页的爬取是有目的性的，所以与目标无关的网页将会被过滤掉。同时，也需要将已爬取的 URL 地址存放到一个 URL 列表中，用于去重和判断爬取的进程。

(5) 将过滤后的链接放到 URL 队列中。

(6) 从 URL 队列中，按照搜索算法确定 URL 的优先级，并确定下一步要爬取的 URL 地址。由于聚焦网络爬虫中下一步爬取哪些 URL 地址相对来说是比较重要的。在此类爬虫中，确定下一步爬取的 URL 地址具有重要意义，这直接影响能否高效获取具有明确目的性的 URL。

(7) 从下一步要爬取的 URL 地址中，读取新的 URL，然后依据新的 URL 地址爬取网页，并重复上述爬取过程。

(8) 当满足系统中设置的停止条件，或无法获取新的 URL 地址时，停止爬取。

2.2.3　Python 实现网络爬虫的流程

Python 凭借其简洁的语法生态和丰富的第三方库，成为网络爬虫开发的优选语言。其典型流程可归纳为三大核心环节，涵盖从数据获取到持久化存储的全链路操作。

(1) 抓取网页数据：按照预先设定的目标，根据所有目标网页的 URL 向网站发送请求，并获得整个网页的数据。

(2) 解析网页数据：从整个网页的数据中提取出目标数据。

(3) 存储数据：将解析网页数据提取的目标数据以文件的形式存放到本地，也可以存储到数据库，方便后期对数据进行深入的研究。

2.2.4　Python 网络爬虫函数库与框架

Python 网络爬虫拥有丰富的函数库，主要有实现 HTTP 请求操作的请求库、从网页中提取信息的解析库、Python 与数据库交互的存储库和网络爬虫框架。具体如下：

1. 实现 HTTP 请求操作的请求库

• Urllib：具有一系列用于操作 URL 的功能。

• Requests：基于 Urllib 编写的阻塞式 HTTP 请求库，发出一个请求，一直等待服务器响应后，程序才能进行下一步处理。

• Selenium：自动化测试工具。一个调用浏览器的 Driver，通过这个库可以直接调用浏览器完成某些操作，比如输入验证码。

• Aiohttp：基于 Asyncio 实现的 HTTP 框架。异步操作借助于 Async/Await 关键字，使用异步库进行数据抓取，可以大大提高效率。

2. 从网页中提取信息的解析库

• BeautifulSoup：HTML 和 XML 的解析，从网页中提取信息，同时拥有强大的 API 和多样解析方式。

• Pyquery：jQuery 的 Python 实现，能够以 jQuery 的语法来操作解析 HTML 文档，易用性和解析速度都很好。

• Lxml：支持 HTML 和 XML 的解析，支持 XPath 解析方式，而且解析效率非常高。

- Tesserocr：一个 OCR 库，在遇到验证码(图形验证码为主)的时候，可直接用 OCR 进行识别。

3. 与数据库交互的存储库

- Pymysql：一个纯 Python 实现的 MySQL 客户端操作库。
- Pymongo：一个用于直接连接 Mongodb 数据库进行查询操作的库。
- Redisdump：一个用于 Redis 数据导入/导出的工具。基于 Ruby 实现的，因此使用它需要先安装 Ruby。

4. 爬虫框架

- Scrapy：功能强大的爬虫框架，适用于规则较为明确的页面爬取场景。当能清晰获知 URL Pattern 时，可借助该框架轻松爬取(如亚马逊商品信息等)数据。不过，面对结构较为复杂的页面(如微博页面信息)其功能在应对时会存在一定局限性。
- Crawley：高速爬取对应网站的内容，支持关系和非关系数据库，数据可以导出为 JSON、XML 等格式。
- Portia：可视化爬取网页内容。
- Newspaper：提取新闻、文章，并进行文本内容层面的剖析。
- Python-goose：Java 写的文章提取工具。
- Cola：一个分布式爬虫框架。项目整体设计欠佳，模块间耦合度较高。

2.3　解析提取网页数据

2.3.1　网页数据提取

网页数据提取，就是从网页中解析并提取"我们需要的有价值的数据"或者"新的 URL 链接"的方法。通常情况下，目标是抓取特定网站或应用程序中的内容，并从中提取有价值的信息。网页内容主要分为两大类：非结构化文本和结构化文本。

非结构化文本主要指网页中的自由文本内容，例如段落、标题和链接文本等，这些内容通常被 HTML 标签所包裹。为了提取这些信息，需要运用文本处理技术进行解析。

结构化文本则指的是那些按照一定格式组织的数据，如表格和列表，它们通过 HTML 标签的嵌套关系来表示。通过解析这些 HTML 结构，可以有效地提取结构化数据。

2.3.2　数据解析方式

数据解析方式分为静态数据解析与动态数据解析。

1. 静态数据解析

在数据解析领域，存在 3 种静态数据解析方法。首先，正则表达式技术在 Python 语言中通过 re 模块得以应用；其次，XPath 技术提供了另一种解析途径；最后，BeautifulSoup 库亦被广泛使用以实现数据的提取。对于动态数据解析，JSONPath 技术则提供了一种有效的解决方案。

(1) 正则表达式是一种文本模式，描述了匹配字符串的规则，用于检索字符串中是否有符合该模式的子串，或者对匹配到的子串进行替换。正则表达功能强大，应用广泛，缺点是只适合匹配文本的字面意义，而不适合匹配文本意义。例如，正则表达式在匹配嵌套了 HTML 内容的文本时，会忽略 HTML 内容本身存在的层次结构，而是将 HTML 内容作为普通文本进行搜索。

(2) XPath 是 XML 路径语言，用于从 HTML 或 XML 格式的数据中提取所需的数据。XPath 适合处理层次结构比较明显的数据，它能够基于 HTML 或 XML 的节点树确定目标节点所在的路径，顺着这个路径便可以找到节点对应的文本或属性值。

(3) BeautifulSoup 是一个可以从 HTML 或 XML 文件中提取数据的 Python 库，它同样可以使用 XPath 语法提取数据，并且也在此基础上做了方便开发者的封装，提供了更多选取节点的方式。

XPath 和 BeautifulSoup 都是基于 HTML/XML 文档的层次结构来确定到达指定节点的路径，所以它们更适合处理层级比较明显的数据。

2. 动态数据解析

对于动态数据解析，JSONPath 技术则提供了一种有效的解决方案。

JSONPath 的作用类似 XPath，它也是以表达式的方式解析数据的，但只能解析 JSON 格式的数据。

2.3.3　Lxml 与 XPath

正则表达式虽然可以处理包含了诸如 HTML 或 XML 内容的字符串，但是它只能根据文本的特征匹配字符串，而忽略了字符串中包含内容的真实格式。为了解决这个问题，Python 中引入了 XPath 以及支持 XPath 的第三方库 Lxml，专门对 XML 或 HTML 格式的数据进行解析。

1. Lxml 库

获取到 HTML 字符串，经过 Lxml 库解析，变成 HTML 页面，再通过 XPath 的提取可以获取到需要的数据，如图 2-2 所示。

图 2-2　XML 或 HTML 格式的数据解析步骤图

Lxml 是 XML 和 HTML 的解析器，主要功能是解析 XML 和 HTML 中的数据；Lxml 是一款高性能的 Python HTML、XML 解析器，也可以利用 XPath 语法，来定位特定的元素即节点信息。Lxml 是第三方库，需要安装后才使用。解析 HTML 网页用到了 Lxml 库中的 etree 类。

2. XPath 库

XPath 即为 XML 路径语言，用于确定 XML 树结构中某一部分的位置。XPath 技术基于 XML 的树结构，能够在树结构中遍历节点(元素、属性等)。

XPath 使用路径表达式选取 XML 文档中的节点或者节点集，这些路径表达式代表着从一个节点到另一个或者一组节点的顺序，并以"/"字符进行分隔。

XPath 库的详细语法在 W3c 网站上有详细的介绍，表 2-1 列举了部分语法。

表 2-1　XPath 库部分语法

表 达 式	描　　述
nodename	选取标签节点的所有子节点
/	从根节点选取，html DOM 树的节点就是 html
//	从匹配选择的当前节点选择文档中的节点，而不考虑它们的位置
.	选择当前节点，一般用于二级提取
..	选取当前节点的父节点，在二级提取时用到
@	选取属性

2.3.4　BeautifulSoup 库

BeautifulSoup 和 Lxml 一样，BeautifulSoup 也是一个 HTML/XML 的解析器，主要功能也是解析和提取 HTML/XML 数据。它能够借助多种解析器实现文档导航、查找、修改文档结构等操作，能大幅提升网页数据处理效率。官网推荐现在的项目使用 BeautifulSoup (BeautifulSoup 4 版本，简称为 BS4)开发。BS4 不仅支持 CSS 选择器(CSS 指层叠样式表 (Cascading Style Sheets))，而且支持 Python 标准库中的 HTML 解析器，以及 Lxml 的 XML 解析器。BeautifulSoup4 是一个第三方库，需要安装后才能使用，安装命令为 pip install bs4。

使用 BS4 的一般流程如图 2-3 所示。

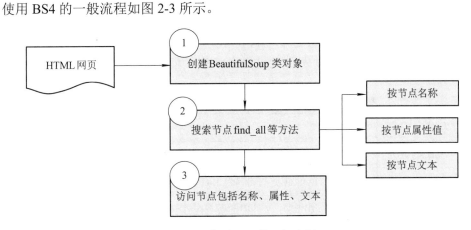

图 2-3　使用 BS4 的一般流程

2.3.5　JSON 格式的数据解析

除 HTML 和 XML 外，网页的数据格式还有 JSON。JSON 是一种被广泛使用的结构化数据的格式，它具有清晰的层次结构，可以采用类似 JSONPath 表达式的方式定位目标对象。Python 中提供了支持 JSONPath 的模块 JSONPath。JSON 是比 XML 更简单的一种数据交换格式，它采用完全独立于编程语言的文本格式来存储和表示数据，JSONPath 与 XPath 语法对比如表 2-2 所示。

表 2-2　JSONPath 与 XPath 语法对比表

JSONPath	XPath	说　明
$	/	选取根对象/根节点
@	.	选取当前对象/当前节点
. 或 []	/	选取下级对象/子节点
不支持	..	选取父节点，JSONPath 不支持
..	//	选取所有符合条件的对象/节点
*	*	选取所有对象/节点
不支持	@	选取属性节点，由于 JSON 没有属性，所以 JSONPath 不支持
[]	[]	下标运算符
[,]	|	联合运算符
?()	[]	支持过滤操作
()	不支持	支持表达式计算
不支持	()	支持分组，JSONPath 不支持

　　JSONPath 可以看作定位目标对象位置的语言，适用于 JSON 文档。JSONPath 与 JSON 关系相当于 XPath 与 XML 关系，JSONPath 参照 XPath 的路径表达式，通过表达式度目标对象定位。JSONPath 遵循相对简单的语法，采用了更加友好的表达式形式。

　　JSON 模块提供了 Python 对象的序列化和反序列化功能。JSON 模块提供了 4 个方法：dumps、dump、loads、load，用于字符串和 Python 数据类型间进行转换，具体功能如表 2-3 所示。

表 2-3　Python 对象的序列化和反序列化方法

方法	功　能
json.loads()	把 JSON 格式字符串解码转换成 Python 对象
json.dumps()	实现将 Python 类型编码为 JSON 字符串，返回一个 str 对象
json.load()	直接读取到这个文件中的所有内容返回为 Python 的 dict 对象
json.dump()	把 Python 对象转换成 JSON 对象，生成一个 fp 的文件流

【微实例】Python 对象的序列化和反序列化方法举例。

```
import json
#(1) loads 的作用是将 Python 字符串指向 Python 对象
```

```
str1='[1,2,3,4]'
print(json.loads(str1))
print(type(json.loads(str1)))

str2='{"city":"fuzhou", "AreaCode":"0591"}'
print(json.loads(str2))
print(type(json.loads(str2)))

#(2) dumps 的作用是将 Python 对象指向 JSON 字符串
str1=[1,2,3,4]
print(json.dumps (str1))
print(type(json.dumps (str1)))

str2={"city":"fuzhou", "AreaCode":"0591"}
print(json.dumps (str2))
print(type(json.dumps(str2)))

#(3)load 的作用是将从文件读取的 JSON 数据指向 Python 对象
str3_list= json.load(open("ex5_3.json","r",encoding="UTF-8"))
print(str3_list)
print(type(str3_list))

#(4) dump 的作用是将 Python 对象指向 JSON 字符写入文件
str4_list={"Name":"小福","County":"中国","province":"福建","City":"福州","Age":2000}
json.dump(str4_list,open("ex5_1json.json","w",encoding="UTF-8"),ensure_ascii=False,indent=4)
json.dump(str4_list,open("ex5_2json.json","w"),ensure_ascii=False)
```

在 JSON 序列化过程中,若不指定 ensure_ascii=False,中文会被默认编码为 Unicode 转义序列(而非 ASCII 字符码),无法直接显示为中文文本。设置 ensure_ascii=False 可确保中文以原始字符形式输出。indent 参数用于指定 JSON 数据的缩进空格数,使输出格式更易读取。

2.4　数　据　存　储

网络爬虫在对网页的数据进行抓取、解析之后,便可以获得最终要采集的目标数据,然后对这些目标数据进行持久化存储,以便后期投入数据研究工作中。数据存储主要有文件存储和数据库存储两种存储方式。在前面的项目开发中已经介绍过文件存储。限于篇幅,本小节仅探讨文件存储。

一般保存数据的方式有如下几种：

(1) 文件：TXT、CSV、Excel、JSON 等，保存数据量小。

(2) 关系型数据库：MySQL、Oracle 等，保存数据量大。

(3) 非关系型数据库：MongoDB、Redis 等键值对形式存储数据，保存数据量大。

(4) 二进制文件：保存爬取的图片、视频、音频等格式数据。

2.5　Python 爬取影片信息

采用 XPath 与 Lxml 解析器提取豆瓣 250 第一页中电影中的电影的名称、主演、评分、评论、链接等信息，并保存到 CSV 文件中，其操作步骤如下：

步骤 1：访问网站信息，获取网页信息。

代码如下：

```
from lxml import etree
base_url = "https://movie.douban.com/top250?start="
response = requests.get(base_url, headers = headers)
response.encoding = 'utf-8'
html = etree.HTML(response.text)        #解析网页信息为 HTML 格式
```

步骤 2：解析数据，拿到所有 div 标签。

分析数据的路径位置，如图 2-4 所示。

为浏览器安装相应的 XPath 分析插件，chorme 浏览器为"Xpath-helper"插件。在 Xpath-helper 中输入//div[@class="item"]，结果如图 2-5 所示。

图 2-4　数据路径　　　　　　　　　　图 2-5　XPath 分析

代码如下：

```
divs=html.xpath('//div[@class="item"]')
```

步骤 3：提取电影的名称、主演、评分、评论、链接。

代码如下：

```
ranking = div.xpath('./div/em/text()')[0]                    #排名
title=div.xpath('./div[2]/div[1]/a/span[1]/text()') [0]      #标题
year=div.xpath('./div[2]/div[2]/div/span[2]/text()')[0]      #年份
pj=div.xpath('./div[2]/div[2]/div/span[4]/text()')[0]        #评价
href=div.xpath('./div[2]/div[1]/a/@href')[0]                 #链接
number = div.xpath('./div[2]/div[2]/div/span[4]/text()')[0]
number = re.sub(r'\D', "", number)                           #评价人数


#导演与主演
director_starring = div.xpath('./div[2]/div[2]/p//text()')[0]
```

完整的程序代码如下：

```
import requests
from lxml import etree
import time
headers={'User-Agent':'Mozilla/5.0 (iPhone; CPU iPhone OS 13_2_3 like Mac OS X) AppleWebKit/
605.1.15 (KHTML, like Gecko)Version/13.0.3 Mobile/15E148 Safari/604.1'}
#1. 指定 url
url='https://movie.douban.com/top250'
#2. 发起请求：请求对应的 url 是携带参数的，并且在请求过程中处理了参数
response = requests.get(url=url,headers=headers)
# print(response.text)
html=etree.HTML(response.text)
#divs=html.xpath('//*[@id="content"]/div/div[1]/ol/li')     #这个属性里面有双引号，外面就用单引号
divs=html.xpath('//div[@class="item"]')


#拿到每一个 div
for div in divs:
    ranking = div.xpath('./div/em/text()')[0]                    #排名
    title=div.xpath('./div[2]/div[1]/a/span[1]/text()') [0]      #标题
    year=div.xpath('./div[2]/div[2]/div/span[2]/text()')[0]      #年份
    pj=div.xpath('./div[2]/div[2]/div/span[4]/text()')[0]        #评价
    href=div.xpath('./div[2]/div[1]/a/@href')[0]                 #链接
    number = div.xpath('./div[2]/div[2]/div/span[4]/text()')[0]
    number = re.sub(r'\D', "", number)                           #评价人数


    #导演与主演
```

```
director_starring = div.xpath('./div[2]/div[2]/p//text()')[0]

print("{},{},{},{},{},{}".format(title,year,pj,number,director_starring,href))
time.sleep(3)
with open(r"dbmovie11.txt","a",encoding="utf-8") as f:
    f.write("{},{},{},{},{},{}".format(title,year,pj,number,director_starring,href))
    f.write("\n")
```

运行结果如图 2-6 所示。

图 2-6　爬取影片相关信息

2.6　任 务 实 战

本节介绍运用 JSON、JSONPath 解析技术，从腾讯招聘网页中抓取岗位名称、国家、城市、职位分类、发布时间、职位要求等数据信息，并将抓取的数据保存为 Excel 文件。

在上节中进行了腾讯招聘数据格式分析，本实例采用 Python 语言从网站抓取数据并提取信息。

思路分析如下：

步骤 1：访问网站信息，获取网页信息。

代码如下：

```
base_sunurl=f'https://careers.tencent.com/tencentcareer/api/post/ByPostId?'
headers = {"User-Agent": "Mozilla/5.0 (Windows NT 10.0; Win64; x64) AppleWebKit/537.36 (KHTML,
               like Gecko) Chrome/94.0.4606.61 Safari/537.36",
         'Referer': 'https://careers.tencent.com/',
         'Accept': 'application/json, text/javascript, */*; q=0.01'
        }
```

步骤 2：定义抓取网页数据函数。

代码如下：

```
def load_page(page,wd):
                #定义一个 url 请求网页的方法，需要请求的第 page 页
                ts = int(1000 * time.time())          #毫秒级时间戳
url=base_url+f'timestamp={ts}&countryId=&cityId=&bgIds=&productId=&categoryId=&parentCategoryId=40001&attrId=&'


url =url + f'keyword={wd}&pageIndex={page}&pageSize=10&language=zh-cn&area=cn'
#获取每页 HTML 源码字符串
    resp = requests.get(url, headers=headers).json()


#保存原数据到 JSON 文件
                json.dump(resp, open("Tencent2.json", "w+", encoding="UTF-8"), ensure_ascii=False, indent=2)
```

步骤 3：从 JSON 中解析数据。

代码如下：

```
def parse_Json(resp):
    #获取所有职位信息(数据类型为列表)
    jobs = resp['Data']['Posts']
    # print(type(jobs))                              #调试类型时可取消注释
    # print(jobs)                                    #调试原始数据时可取消注释


    #遍历每个岗位并提取详细信息
    for job in jobs:
        data = []          #存储单个岗位信息
        #从 JSON 提取基础字段
        post_name = job['RecruitPostName']           #职位名称
        country_name = job['CountryName']            #国家
        loc_name = job['LocationName']               #城市
        category_name = job['CategoryName']          #职位分类
        last_up_time = job['LastUpdateTime']         #职位更新时间
        responsibility = job['Responsibility']       #职位职责


        #获取二级页面数据(岗位详细要求)
        Post_Id = job['PostId']                      #从当前岗位获取 PostID
        #生成动态时间戳参数(防止缓存)
        ts = int(1000 * time.time())                 #毫秒级时间戳
        #构造子页面请求 URL(注意：变量名疑似应为 base_suburl)
```

```
son_url = base_sunurl + f'timestamp={ts}&postId={Post_Id}&language=zh-cn'

#请求子页面并解析工作要求
resp = requests.get(son_url, headers=headers).json()
requirement = resp["Data"]["Requirement"]    #岗位工作要求

#整合数据到列表
data.extend([
    post_name,
    country_name,
    loc_name,
    category_name,
    last_up_time,
    responsibility,
    requirement                     #来自二级页面的详细要求
])

    datas.append(data)              #将当前岗位添加到总数据集
    print(datas)                    #调试时可查看实时数据

    return datas                    #返回所有岗位数据集
```

步骤 4：保存为 CSV 格式文件。

CSV 文件(Comma Separated Values File，即逗号分隔值文件) 的文件类型，在数据库或电子表格中，常见的导入导出文件格式就是 CSV 格式，CSV 格式存储数据通常以纯文本的方式存数数据表。

代码如下：

```
def save_data_to_JsonFile(datas):
    fp = open('tencenr.csv','w',newline='')
    writer = csv.writer(fp)
    for i in datas:
        writer.writerow(i)
    fp.close()
```

步骤 5：保存为 Excel 文件。

代码如下：

```
def save_data_to_ExcelFile(datas):
    ws = op.Workbook()                      #创建工作簿对象
    wb = ws.create_sheet(index=0)           #创建工作子表
    wb.append(['序号', '职位名称', '国家', '城市', '职位分类', '职位更新时间', '职位要求', '工作要求'])
```

```
                #添加表头
    i = 1
    for data in datas:
        data.insert(0, i)
        i = i + 1
        print(data)
        wb.append(data)
    ws.save('腾讯职位.xlsx')
```

步骤 6：编写主函数调用获取与解析两个函数。

代码如下：

```
if __name__ == '__main__':
    begin_page = int(input("请输入起始页："))
    #终止页位置
    end_page = int(input("请输入终止页："))
    wd = input("请输入要搜索的职位关键字：")
    datas = []    #初始化列表
    for page in range(begin_page, end_page + 1):
        resp=load_page(page,wd)
        datas=parse_Json(resp)


    save_data_to_ExcelFile (datas)


    Draw_Wordcloud('腾讯职位.xlsx')
```

运行结果如图 2-7 所示。

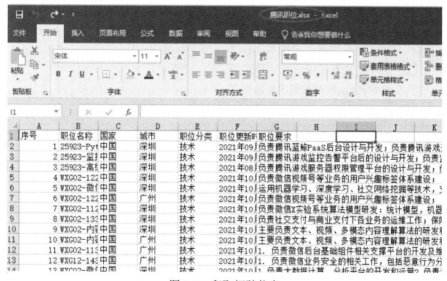

图 2-7　爬取招聘信息

【学习产出】

学习产出考核评价表如表 2-4 所示。

表 2-4　学习产出考核评价表

| 评价要素 | 评价标准 | 评价方式 | | 分值 | 得分 |
		小组评价	教师评价		
职业素养	1. 遵循良好的编程规范，包括变量命名清晰、代码结构合理、注释准确等，提高代码的可读性和可维护性，确保爬取数据的行为合法合规。 2. 对爬取到的数据有正确的认识和处理方式，尊重数据的来源和所有者权益，具备认真严谨的职业态度			20	
专业能力	1. 理解数据采集的基本概念，了解并区分不同的数据获取途径，掌握常用库与工具。 2. 能够使用 BeautifulSoup 等库编写网络爬虫，能够使用 Python 对数据进行基本的清洗和预处理			70	
创新能力	1. 设计良好的用户界面，方便用户使用和操作。 2. 运用可视化技术，将爬取到的数据以图表等形式进行展示，增强数据的可读性和可理解性			10	
总分					
教师评语					

项目 3
日志数据采集

项目介绍

在当今的数字化时代，企业和组织面临着大量的数据，其中日志数据是重要的信息来源之一。日志记录了系统的运行状态、用户行为、错误信息等，通过对日志数据的采集和分析，可以帮助企业更好地了解系统运行情况、发现潜在问题、优化业务流程以及进行安全监控等，为企业的发展提供有力的支持。

学习目标

• 知识：熟悉 Flume 的功能和基本概念，掌握 Flume 数据采集的运行机制，分析 Flume 高可靠性的原因。

• 技能：会安装 Flume，能够建立 Flume 数据采集流程，能够针对不同的环境使用 Flume 大数据采集系统进行数据采集工作。

• 态度：培养认真严谨的工作态度。

项目要点

Flume 概述，Flume 核心组件，Flume 运行机制，Flume 的可靠性，Flume 安装与配置，Flume 数据采集流程。

【建议学时】8 学时。

前置任务

1. 熟悉日志数据的基本概念和类型。
2. 具备 Java 编程能力和 Hadoop 基础知识。
3. 能够熟练应用 Linux 操作系统命令。

3.1 Flume 概述

Flume 是 Cloudera 提供的一个高可用、高可靠、分布式的海量日志采集、聚合和传输系统，它支持在日志系统中定制各类数据发送方，用于收集数据。同时，Flume 提供对数据进行简单处理，并写到各种数据接收方(可定制)的功能。由于 Flume 采集的数据源是可定制的，因此 Flume 还可用于传输大量事件数据，包括但不限于网络流量数据、社交媒体产生的数据、聊天工具产生的信息和电子邮件消息等。

3.2 核 心 组 件

Flume 运行的核心是 Agent(Flume 代理)。Flume 以 Agent 为最小的独立运行单位，一个 Agent 就是一个 JVM(Java Virtual Machine，Java 虚拟机)，它是一个完整的数据采集工具，包含 3 个核心组件，分别是数据源(Source)、数据通道(Channel)和数据槽(Sink)。通过这些组件，事件(Event)可以从一个地方流向另一个地方。简单 Flume 日志采集系统结构如图 3-1 所示。

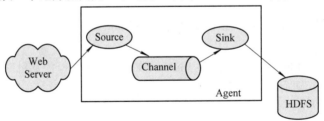

图 3-1　简单 Flume 日志采集系统结构

下面介绍 Flume 各核心组件的具体功能。

1. 数据源(Source)

数据源是数据的收集端，负责将数据捕获后进行特殊的格式化，将数据封装到事件里，然后将事件推入数据通道中。常用的数据源的类型包括 Avro、Thrift、Exec、JMS、Spooling Directory、Netcat、Sequence Generator、Syslog、HTTP、Legacy 等。如果内置的 Source 无法满足需要，Flume 还支持自定义 Source，如表 3-1 所示。

2. 数据通道(Channel)

数据通道是连接数据源和数据槽的组件，可以将它看作一个数据的缓冲区(数据队列)。它可以将事件暂存到内存中，也可以持久化到本地磁盘上，直到数据槽处理完该事件。常用的数据通道类型包括 Memory、JDBC、File、Custom 等，如表 3-2 所示。

表 3-1   Source 支持的类型

Source 类型	说　明
Avro Source	支持 Avro 协议(实际上是 Avro RPC)内置支持
Thrift Source	支持 Thrift 协议，内置支持
Exec Source	基于 UNIX 的 command 在标准输出上生产数据
JMS Source	从 JMS 系统(消息、主题)中读取数据
Spooling Directory Source	监控指定目录内数据变更
Netcat Source	监控某个端口，将流经端口的每一个文本行数据作为 Event 输入
Sequence Generator Source	序列生成器数据源，生成序列数据
Syslog Sources	读取 Syslog 数据，产生 Event，支持 UDP 和 TCP 两种协议
HTTP Source	基于 HTTP POST 或 GET 方式的数据源，支持 JSON、BLOB 表示形式
Legacy Sources	兼容 Flume OG 中 Source(0.9.x 版本)

表 3-2   Channel 支持的类型

Channel 类型	说　明
Memory Channel	Event 数据存储在内存中
JDBC Channel	Event 数据存储在持久化存储中，当前 Flume Channel 内置支持 Derby
File Channel	Event 数据存储在磁盘文件中
Custom Channel	自定义 Channel 实现

3. 数据槽(Sink)

通过数据槽取出数据通道中的数据，存储到文件系统和数据库，或者提交到远程服务器。常用的数据槽包括 HDFS、Hive、Logger、Avro、Thrift、IRC、File Roll、HBase、ElasticSearch、Kafka、HTTP 等。

复杂 Flume 日志采集系统的结构如图 3-2 所示。

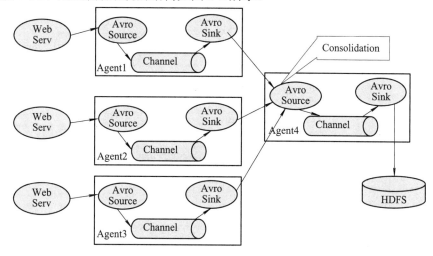

图 3-2   复杂 Flume 日志采集系统结构

3.3　运 行 机 制

Flume 的核心运行机制是把数据从 Source 收集过来，经 Channel 暂存后，由 Sink 将数据从 Channel 中取出并发送至指定的目的地。为了保证输送的过程，Flume 会先缓存数据，待数据真正到达目的地后，再删除缓存的数据。在整个数据传输过程中，数据以事件的形式流动，也可以理解为事件信息就是 Flume 采集到的数据。

Flume 的数据流由事件决定。事件是 Flume 的基本数据单位，如果是文本文件，通常是一行记录，这也是事务的基本单位。它携带日志数据并且携带有头信息，这些事件由 Agent 外部的 Source 生成，当 Source 捕获事件后会进行特定的格式化，然后 Source 会把事件推入(单个或多个)Channel 中。Sink 负责持久化日志或者把事件推向另一个 Source。Flume 提供了大量内置的 Source、Channel 和 Sink 类型。不同类型的 Source、Channel 和 Sink 可以自由组合。组合方式基于用户设置的配置文件，非常灵活。比如，Channel 可以把事件暂存在内存里，也可以持久化到本地硬盘上。Sink 可以把日志写入 HDFS 和 HBase，甚至是另外一个 Source 等。Flume 支持用户建立多级流，也就是说，多个 Agent 可以协同工作。

多个 Agent 顺序连接起来，将最初的数据源经过采集，存储到最终的存储系统中。这是最简单的情况，一般情况下，应该控制这种顺序连接的 Agent 的数量，因为数据流经的路径变长，不考虑故障转移的情况下，出现故障将影响整个数据流转链路上的 Agent 收集服务。多个 Agent 顺序连接如图 3-3 所示。

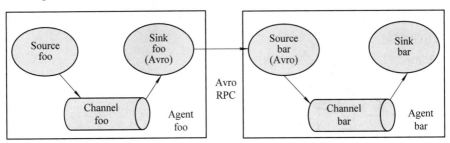

图 3-3　多个 Agent 顺序连接

3.4　Flume 的可靠性

Flume 通过事务性的方式保证传送事件整个过程的可靠性。Sink 必须在事件已经被传达到下一个 Agent 里，或者已经被存入外部数据目的地之后，才能将事件从 Channel 中删除。这样数据流里的事件无论是在一个 Agent 里还是多个 Agent 之间流转，都能保证可靠，因为以上的事务保证了事件会被成功存储起来。例如，Flume 支持在本地保存一份 Channel 文件作为备份，而 Memory Channel 将事件存在内存队列里，速度快，但丢失的话将无法恢复。

3.5　Flume 安装与配置

作为 Apache 基金会下的分布式日志收集系统，Flume 在大数据生态中承担着高效数据传输的关键角色。其核心架构通过 Agent、Source、Channel、Sink 等组件的协同工作，实现从数据源到目标存储的可靠流转。以下是部署 Flume 服务需遵循的标准流程，涵盖环境准备、配置文件调整及功能验证等环节。

1. 下载

访问 Flume 官网，下载 Flume 安装文件 apache-flume-1.9.0-bin.tar.gz，如图 3-4 所示。

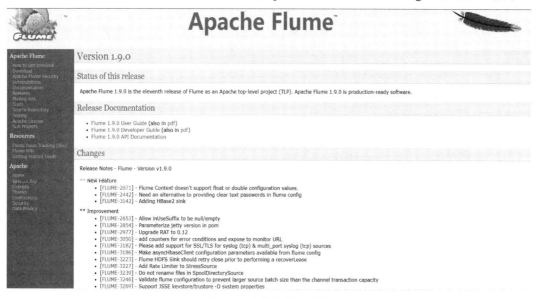

图 3-4　安装包下载界面

在官网下载软件安装包时注意使用 1.9.0 这个版本。

2. 安装与配置

Flume 的运行需要 Java 环境的支持，因此，需要在 Windows 操作系统中安装 JDK。

把安装文件解压到 Windows 操作系统的 "C" 目录下，然后执行如下命令测试是否安装成功：

```
>cd c:\apache-flume-1.9.0-bin\bin
```

查看 Flume 版本的命令如下：

```
flume-ng version
```

如果能够返回类似如下的信息，则表示成功：

```
Flume 1.9.0
Source code repository: https://git-wip-us.apache.org/repos
/asf/flume.git
Revision: d4fcab4f501d41597bc616921329a4339f73585e
Compiled by fszabo on Mon Dec 17 20:45:25 CET 2018
From source with checksum 35db629a3bda49d23e9b3690c80737f9
```

3.6　采集日志文件到 HDFS

3.6.1　采集本地目录数据并上传到 HDFS

服务器的某个特定目录下，会源源不断产生新的文件数据，每当有新文件产生时，就需要把这些文件数据采集并上传到 HDFS 中。下面是采集本地目录数据并上传到 HDFS 的操作步骤。

步骤 1：确定 3 个核心组件的类型。

根据需求，确定使用的类型分别是：

(1) 数据源(Spooldir)：监控文件目录。

(2) 数据通道(Memory Channel)：内存数据通道。

(3) 数据槽(HDFS Sink)：HDFS 文件系统。

Spooldir 作为"眼睛"发现新数据，Memory Channel 作为"血管" 快速传输数据，HDFS Sink 作为"仓库"持久化存储数据。三者通过 Flume 的事件模型和事务机制协同工作，构成了"监控→传输→存储"的完整链路,实现了对服务器目录文件的实时采集与 HDFS 归档。

步骤 2：编写配置文件。

代码如下：

```
#对 Agent 上的组件进行命名
a1.sources = r1
a1.sinks = k1
a1.channels = c1


#对数据源进行描述与配置
a1.sources.r1.type = spooldir
a1.sources.r1.spoolDir = /root/logs
a1.sources.r1.fileHeader = true
```

```
#对数据接收器进行描述
a1.sinks.k1.type = hdfs
a1.sinks.k1.channel = c1
a1.sinks.k1.hdfs.path = /flume/events/%y-%m-%d/%H%M/
a1.sinks.k1.hdfs.filePrefix = kangna-
a1.sinks.k1.hdfs.round = true
a1.sinks.k1.hdfs.roundValue = 10
a1.sinks.k1.hdfs.roundUnit = minute
a1.sinks.k1.hdfs.rollInterval = 3
a1.sinks.k1.hdfs.rollSize = 20
a1.sinks.k1.hdfs.rollCount = 5
a1.sinks.k1.hdfs.batchSize = 1
a1.sinks.k1.hdfs.useLocalTimeStamp = true
a1.sinks.k1.hdfs.fileType = DataStream


#采用内存中缓存事件的通道
a1.channels.c1.type = memory
a1.channels.c1.capacity = 1000
a1.channels.c1.transactionCapacity = 100


#把数据源和数据接收器与通道绑定
a1.sources.r1.channels = c1
a1.sinks.k1.channel = c1
```

注意：监控文件目录中不能存在同名文件。

步骤 3：启动监控。

命令如下：

```
bin/flume-ng agent -c .conf -f .conf/spool-hdfs.conf -n a1 -Dflume.root.logger=INFO,console
```

步骤 4：测试。

在监控的文件夹下创建文件夹/root/logs，向 logs 中添加文件，之后查看是否采集成功。

3.6.2　采集文件数据并上传到 HDFS

随着时间的变化，业务系统中的日志内容不断增加，使用 Flume 监听整个目录的实时追加文件，并上传至 HDFS。下面是采集文件数据并上传到 HDFS 的操作步骤。

步骤 1：确定 3 个核心组件的类型。

根据需求，确定使用的类型分别是：

(1) 数据源(Taildir Source)：适用于监听多个实时追加的文件，并且能够实现断点续传。

(2) 数据通道(Memory Channel)：内存数据通道。

(3) 数据槽(HDFS Sink)：HDFS 文件系统。

实时采集文件数据流程如图 3-5 所示。

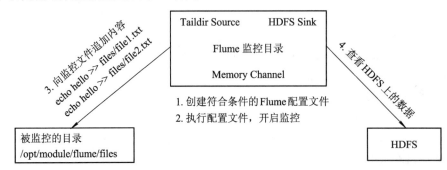

图 3-5　实时采集文件数据流程

Taildir Source 用于监听日志文件，实现断点续传(Offset 记录)；Memory Channel 用作内存缓存，实现高性能传输；HDFS Sink 用来写入 HDFS，实现分区存储，也是数据的可靠性保障。三者通过 Flume 的事件模型和事务机制，构成"实时采集→高速传输→可靠存储"的完整链路，特别适用于业务系统日志的实时归档与分析场景。

步骤 2：编写配置文件。

Flume 的配置文件需基于"步骤 1：确定 3 个核心组件的类型"，通过定义 Agent 逻辑关系与参数实现数据流转。配置文件通常分为 3 部分：组件声明(命名 Source/Sink/Channel)、属性配置(定义输入/输出规则及性能参数)和绑定关系(关联数据流链路)。

以下示例中需重点关注：

① TAILDIR 源的 filegroups 多文件监听与 positionFile 断点续传机制；

② hdfs.path 的动态时间分区与文件滚动策略(按小时目录、128 MB 分块)；

③ memory 通道的容量限制与事务控制，实际部署时需根据服务器路径、HDFS 集群地址及业务数据量调整参数值。

代码如下：

```
#命令 Agent 上的组件
a2.sources = r1
a2.sinks = k1
a2.channels = c1


#描述/配置数据源
a2.sources.r1.type = TAILDIR
a2.sources.r1.positionFile = /opt/module/flume-1.9.0/tail_dir.json
a2.sources.r1.filegroups = f1 f2
a2.sources.r1.filegroups.f1 = /opt/module/flume-1.9.0/datas/tailCase/files/*file.*
a2.sources.r1.filegroups.f2 = /opt/module/flume-1.9.0/datas/tailCase/logs/*log.*


#描述数据接收器
a2.sinks.k1.type = hdfs
```

```
a2.sinks.k1.hdfs.path = hdfs://hadoop101:8020/flume/tailDir/%Y%m%d/%H
#上传文件的前缀
a2.sinks.k1.hdfs.filePrefix = tail-
#是否按照时间滚动文件夹
a2.sinks.k1.hdfs.round = true
#多少时间单位创建一个新的文件夹
a2.sinks.k1.hdfs.roundValue = 1
#重新定义时间单位
a2.sinks.k1.hdfs.roundUnit = hour
#是否使用本地时间戳
a2.sinks.k1.hdfs.useLocalTimeStamp = true
#积攒 100 个 Event 才刷写到 HDFS 一次
a2.sinks.k1.hdfs.batchSize = 100
#设置文件类型
a2.sinks.k1.hdfs.fileType = DataStream
#多久生成一个新的文件
a2.sinks.k1.hdfs.rollInterval = 60
#设置每个文件的滚动大小大概是 128 MB
a2.sinks.k1.hdfs.rollSize = 134217700
#文件的滚动与 Event 数量无关
a2.sinks.k1.hdfs.rollCount = 0


#使用内存中缓存事件的通道
a2.channels.c1.type = memory
a2.channels.c1.capacity = 1000
a2.channels.c1.transactionCapacity = 100


#将数据源和数据接收器绑定到通道
a2.sources.r1.channels = c1
a2.sinks.k1.channel = c1
```

步骤 3：启动监控。

完成配置文件编写后，需通过 Flume 命令行工具激活 Agent 服务以启动数据流监控。启动命令需明确指定 Agent 名称、配置目录及任务配置文件路径，运行过程中可通过控制台日志实时观察 Source 抓取状态、Channel 缓存状态及 Sink 写入 HDFS 的完整性。

命令如下：

```
cd /opt/module/flume-1.9.0
bin/flume-ng agent --conf conf/ --name a2 --conf-file job/simpleCase/flume-2-taildir-hdfs.conf
```

步骤 4：测试并查看结果。

为确保 Flume 数据流全链路正常运行，需通过模拟日志追加行为验证 Taildir Source 的文件监听规则、Channel 缓存机制及 HDFS Sink 的写入准确性。

(1) 新建受监控目录。命令如下：

```
mkdir -p datas/tailCase/files
mkdir -p datas/tailCase/logs
```

(2) 向 files 目录追加测试数据。

在/opt/module/flume/datas/目录下创建 tailCase/files 文件夹向 files 文件夹下文件追加内容。

测试/opt/module/flume-1.9.0/datas/tailCase/files/*file.*，命令如下：

```
#当前目录下会上传 file 的文件
cd /opt/module/flume-1.9.0/datas/tailCase/files
touch file1.txt
echo I am file1 > file1.txt
touch log1.txt
echo I am log1 > log1.txt
```

测试/opt/module/flume-1.9.0/datas/tailCase/logs/*log.*，命令如下：

```
#当前目录下，会上传 log 的文件
cd /opt/module/flume-1.9.0/datas/tailCase/logs
touch file2.txt
echo I am file2 > file2.txt
touch log2.txt
echo I am log2 > log2.txt
```

查看文件是否上传到 HDFS 上。

3.7　任务实战

浏览器会实时生成用户浏览记录的日志文件(如 browser_logs.log)，需要利用 Flume 实时监控该日志文件的追加内容，并将数据上传至 HDFS 的指定路径。要求使用 Taildir Source 监听日志文件，并配置合理的 HDFS 存储策略。下面是本节任务实战的操作步骤。

步骤 1：确定 3 个核心组件的类型。

(1) 数据源(Source)：TAILDIR，支持实时监控多个文件追加内容，并记录读取位置(断点续传)。

(2) 数据通道(Channel)：Memory Channel，使用内存通道提高传输效率，适合高吞吐场景。

(3) 数据槽(Sink)：HDFS Sink，将日志数据写入 HDFS，支持按时间或大小滚动文件。

步骤 2：编写 Flume 配置文件。

创建配置文件 browser_logs_hdfs.conf，内容如下：

```
#命名组件
a3.sources = r1
a3.sinks = k1
a3.channels = c1


#配置 Taildir Source
a3.sources.r1.type = TAILDIR
a3.sources.r1.positionFile = /opt/flume/taildir_position.json      #记录读取位置
a3.sources.r1.filegroups = f1
a3.sources.r1.filegroups.f1 = /var/log/browser/browser_logs.log      #浏览器日志路径


#配置 HDFS Sink
a3.sinks.k1.type = hdfs
a3.sinks.k1.hdfs.path = hdfs://namenode:8020/browser_logs/%Y-%m-%d/%H
a3.sinks.k1.hdfs.filePrefix = browser-
a3.sinks.k1.hdfs.round = true                 #按时间滚动文件夹
a3.sinks.k1.hdfs.roundValue = 1
a3.sinks.k1.hdfs.roundUnit = hour
a3.sinks.k1.hdfs.rollInterval = 3600          #1 小时生成新文件
a3.sinks.k1.hdfs.rollSize = 134217728         #128 MB 滚动文件
a3.sinks.k1.hdfs.rollCount = 0                #个按事件数滚动
a3.sinks.k1.hdfs.useLocalTimeStamp = true
a3.sinks.k1.hdfs.fileType = DataStream        #文本格式存储


#配置 Memory Channel
a3.channels.c1.type = memory
a3.channels.c1.capacity = 1000
a3.channels.c1.transactionCapacity = 100


#绑定组件
a3.sources.r1.channels = c1
a3.sinks.k1.channel = c1
```

步骤 3：启动 Flume Agent。

(1) 创建日志目录并赋予权限：

```
mkdir -p /var/log/browser
touch /var/log/browser/browser_logs.log
```

```
chmod 777 /var/log/browser/browser_logs.log
```

(2) 启动 Flume：

```
bin/flume-ng agent \
--conf conf/ \
--name a3 \
--conf-file /path/to/browser_logs_hdfs.conf
```

步骤 4：测试并验证结果。

(1) 模拟浏览器日志生成：

```
echo "2023-10-01 12:00:00, User visited https://example.com"> /var/log/browser/ browser_logs.log
echo "2023-10-01 12:05:00, User searched for 'Flume 教程'"> /var/log/browser/ browser_logs.log
```

(2) 查看 HDFS 文件：

```
hdfs dfs -ls /browser_logs/2023-10-01/12
hdfs dfs -cat /browser_logs/2023-10-01/12/browser-*.log
```

【学习产出】

学习产出考核评价表如表 3-3 所示。

表 3-3 学习产出考核评价表

评价要素	评价标准	评价方式		分值	得分
		小组评价	教师评价		
职业素养	1. 认真对待日志数据采集任务，积极主动地解决问题，体现严谨负责的态度。 2. 在项目中与团队成员有效沟通、协作，共同完成 Flume 数据采集工作。 3. 合理安排时间，确保按时完成 Flume 的安装、配置及数据采集任务			20	
专业能力	1. 对 Flume 的功能和基本概念理解准确、深入，能清晰阐述其运行机制和高可靠性原因。 2. 熟练安装 Flume，准确建立数据采集流程，在不同环境中能快速、有效地进行数据采集，且数据准确性高。 3. 遇到 Flume 数据采集问题时，能迅速定位并解决，如配置错误、数据丢失等问题			70	

续表

评价要素	评价标准	评价方式		分值	得分
		小组评价	教师评价		
创新能力	1. 对现有的 Flume 数据采集流程提出创新性的改进建议,提高数据采集效率或数据质量。 2. 主动学习新的大数据采集技术和方法,尝试将其应用到 Flume 数据采集项目中, 提升项目的创新性			10	
总分					
教师评语					

第2篇 数据分析与可视化

数据分析是将数学、统计学理论结合科学的统计分析方法(如回归分析、聚类分析、方差分析、时间序列分析等)对数据进行分析，从中提取有价值的信息形成结论并进行展示的过程。

数据可视化是数据分析结果的重要呈现方式，通过数据分析发现问题，然后利用数据可视化展示结果，根据可视化效果又会启发进一步的数据分析，如此循环往复，可以不断深入挖掘数据价值。本篇围绕多个项目展开，利用 Python 编程语言实现项目的分析和可视化。其中：

项目 4 聚焦时间序列数据分析与可视化，借助 Python 绘图库挖掘数据规律趋势，涵盖连续、离散型时间数据可视化方法，引入回归算法。本项目以交通数据分析为例，经数据处理、分析与可视化，对比城市交通流量、车辆数量月度变化及速度与时间关系，为决策提供支撑。

项目 5 围绕文本数据分析与可视化展开，借助 Python 相关库，从海量文本中提取关键信息。本项目介绍文本数据在多领域的应用，阐述关键词可视化、文本分布可视化方法及 TF-IDF 等文本分类算法，并以互联网热点舆情分析为例，进行数据处理、分析与可视化展示。

项目 6 针对分类数据分析与可视化，介绍分类数据在多场景的应用、多种可视化方式及 K-means 算法。本项目以电影网站客户价值分析为例，进行数据处理、分析与可视化展示。

项目 7 聚焦比例数据，以网约车定位信息分析展示其应用及可视化方式。

各项目兼具理论知识与实践操作，帮助读者掌握核心技能，培养职业素养，应对不同领域的数据处理挑战。

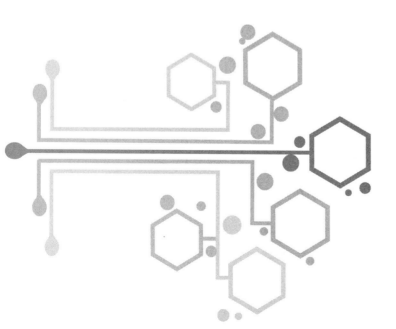

项目 4

时间序列数据分析与可视化

项目介绍

在数据爆炸的时代，蕴含丰富信息的时间序列数据成为众多领域关注的焦点。本项目专注于时间序列数据分析与可视化，旨在深度挖掘时间序列数据背后的规律与趋势，为行业决策提供有力支撑。

利用 Python 的 Matplotlib、Seaborn 等强大绘图库，将复杂的时间序列数据转化为直观、美观的可视化图表。折线图清晰展现数据随时间的连续变化趋势，帮助用户快速把握整体走向；柱状图用于对比不同时间段的数据差异，突出关键节点；热力图在时间与其他维度的交叉展示中，呈现数据分布的疏密与热度。

学习目标

- 知识：学习时间序列数据特性、数据预处理和回归模型。
- 技能：掌握 Python 编程语言，利用回归算法对数据进行分析并实现数据可视化。
- 态度：培养数据安全意识、社会责任感和团队合作精神。

项目要点

数据处理，回归模型，时间序列数据分析，时间序列数据可视化。

【建议学时】8 学时。

前置任务

1. 掌握数据采集方法，能够从网络中爬取相关数据。
2. 了解回归分析。
3. 了解 Python 的 Matplotlib、Seaborn 的相关功能。

4.1　时间序列数据在大数据中的应用

对于数据来说，时间是一个非常重要的维度或属性。历史数据的积累是大数据"大"的一个重要原因。时间序列数据存在于各个领域，比如金融与商业数据交易记录、社会宏观经济统计记录、气象观测数据、交通数据等。这些带有时间维度的数据蕴含着大量的信息，是指导国家制度政策、企业调整战略的重要依据。

4.2　时间数据可视化

时间数据有离散和连续两种，无论是哪种数据的可视化，最重要的目的都是从中发现数据随时间变化的趋势。具体表现在：什么保持不变？什么发生改变？改变的数据是上升还是下降？改变的原因是什么？不同数据随时间变化的方向是否一致？它们变化的幅度是否有关联？是否存在周期性的循环？这些变化中存在的模式超脱于某个时刻，蕴含着丰富的信息，只有依靠在时间维度的观察分析才能被发现。

4.2.1　连续型时间数据可视化

连续型时间数据在任意两个时间点之间可以细分出无限多个数值，它是连续不断变化现象的记录。例如，温度是人们最常接触的连续型时间数据，一天内任意一个时刻的温度都可以被测量到。另外，股票的实时价格也可以近似看作连续型时间数据，下面以折线图为例进行介绍。

折线图是用直线段将各数据点连接起来而组成的图形，以折线方式显示数据的变化趋势。在折线图中，沿水平轴均匀分布的是时间，沿垂直轴均匀分布的是数值。折线图比较适用于表现趋势，常用于展现如人口增长趋势、书籍销售量、粉丝增长进度等时间数据。以销量数据为例，代码如下：

```
import matplotlib.pyplot as plt
#月份
months = ['一月', '二月', '三月', '四月', '五月', '六月']
#销量数据
sales = [100, 120, 150, 130, 180, 200]
plt.plot(months, sales)
```

```
plt.xlabel('月份')
plt.ylabel('销量')
plt.title('某产品各月销量变化')
plt.show()
```

运行代码后生成折线图，如图 4-1 所示。

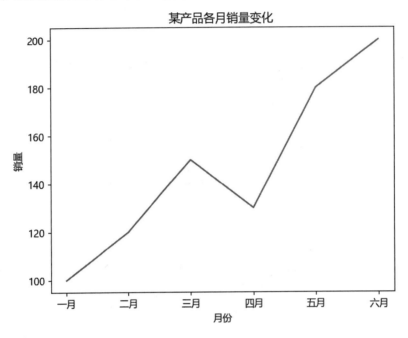

图 4-1   销售量随时间变化折线图

4.2.2   离散型时间数据可视化

离散型时间数据又称不连续型时间数据，这类数据在任何两个时间点之间的个数是有限的。在离散型时间数据中，数据来自某个具体的时间点或者时段，可能的数值也是有限的。比如每届奥运会奖牌的总数或者是各个国家或地区的金牌数就是离散型数据，某资格考试每年的通过率也是离散型数据。下面以柱状图为例进行介绍。

柱状图又称条形图、直方图，是以高度或长度的差异来显示统计指标数值的一种柱状图形，其图形简明、醒目，是一种常用的统计图形。以每届奥运会奖牌数为例，代码如下：

```
import matplotlib.pyplot as plt
#假设的数据，这里以三届奥运会中国的奖牌数为例，实际可替换为真实数据
years = ['2008 年北京奥运会', '2012 年伦敦奥运会', '2016 年里约奥运会']
gold_medals = [51, 38, 26]        #金牌数
silver_medals = [21, 27, 18]      #银牌数
bronze_medals = [28, 23, 26]      #铜牌数
#设置柱状图的宽度
```

```
bar_width = 0.2
#设置横坐标的位置
r1 = list(range(len(years)))
r2 = [x + bar_width for x in r1]
r3 = [x + bar_width * 2 for x in r1]
#绘制柱状图
plt.bar(r1, gold_medals, width=bar_width, label='金牌', color='gold')
plt.bar(r2, silver_medals, width=bar_width, label='银牌', color='silver')
plt.bar(r3, bronze_medals, width=bar_width, label='铜牌', color='chocolate')
#添加 x 轴标签
plt.xticks([r + bar_width for r in r1], years)
#添加图例
plt.legend()
#添加标题
plt.title('中国在部分奥运会的奖牌数')
#添加 y 轴标签
plt.ylabel('奖牌数量')
#显示图形
plt.show()
```

运行代码后生成柱状图，如图 4-2 所示。

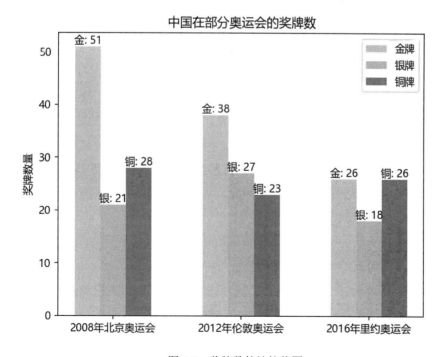

图 4-2　奖牌数统计柱状图

4.3   回 归 算 法

回归模型是一种用于建立变量之间定量关系的统计模型，它通过分析自变量和因变量之间的关系，来预测或解释因变量的变化。

ARIMA 模型，即自回归积分滑动平均模型(Auto-Regressive Integrated Moving Average Model)。它是一种常用的时间序列预测模型，ARIMA 模型将时间序列数据视为一个随时间变化的随机过程，通过分析序列的自相关性、季节性等特征，建立合适的模型来预测未来值。

ARIMA 模型可以处理非平稳时间序列，通过对序列进行差分等操作使其平稳化，然后结合自回归(AR)和滑动平均(MA)部分来捕捉数据中的规律。在 Python 中，statsmodels 库提供了实现 ARIMA 模型的函数，此处不过多赘述。

4.4   任 务 实 战

本节任务实战以交通数据分析与可视化为例。

随着我国城市化进程的加速，汽车社会的到来带来了交通阻塞、交通事故频发、能源过度消费和环境污染加剧等日益严重的社会问题，其中交通阻塞所造成的经济损失尤为巨大。这些问题已成为各大城市急需解决的难题。因此，我们需要及时且准确地获取交通数据，并对这些数据进行深入的分析与对比。通过运用大数据分析手段，我们能够实时掌握交通高峰时段的信息以及交通状况的变化情况，从而为交通改善措施的实施和交通安全的保障提供有力的决策支撑。

下面以交通数据分析为例，利用 Python 编程语言，实现对不同城市交通流量、不同月份车辆数量和速度与时间的关系数据进行分析与可视化。

在实现交通数据分析时，需要先观察交通数据结构，找到数据中的规律，然后根据规律进行数据的分析。因此，拿到数据文件后，先读取文件并将文件的头部信息打印，观察数据结构的规律性。交通数据头部信息如表 4-1 所示。

表 4-1　交通数据头部信息

索引	车辆标识	数据日期	经度	纬度	速度	数据类型标识	地　址
0	R4K7G9B2V6	2023-08-14	117.34	32.56	75.3	正常	江苏省南京市玄武区中山路
1	P3T8X5N1L9	2023-03-27	178.2	44.7	88.6	正常	山东省济南市历下区泉城路
2	M6Q1E4S8Y0	2023-11-06	106.8	29.3	33.1	正常	湖南省长沙市芙蓉区五一大道
3	F2W9D7Z3H5	2023-05-19	122.5	37.8	66.4	正常	辽宁省大连市中山区人民路
4	C5U0J6A7K3	2023-07-09	114.7	23.9	48.7	正常	广东省广州市天河区天河路

4.4.1　数据处理

在数据采集过程中，存在一些脏数据，如速度为负值或速度过高等异常值，这会影响数据分析的有效性，因此需要对数据进行清洗，具体流程如下：

定义一个名为 preprocess_data 的函数，用于对数据进行预处理。在函数内部，通过布尔索引筛选出速度大于 0 且小于等于 200 的数据，去除速度为负和速度过大的异常数据，最后返回处理后的数据。

代码如下：

```
#数据预处理函数
def preprocess_data(df):
    #去除速度为负的异常数据
    df = df[df['速度'] > 0]
    #假设速度超过 200 为极端数据，进行去除
    df = df[df['速度'] <= 200]
    return df
```

4.4.2　数据分析与可视化

1. 不同城市的交通流量对比图

在分析不同城市交通流量数据分布图时，需要考虑选用哪种方式来确定车辆的数量，从表 4-1 中发现地址列可区分不同的城市信息，进一步可统计出某个城市车辆的数据，根据统计出的各个城市车辆数据可实现图表的绘制。具体步骤如下：

(1) 调用 analyze_traffic_flow_by_city 函数分析不同城市的交通流量，将结果存储在 city_traffic_flow 中。然后使用 plt.figure 创建一个大小为 10×10 的图形窗口，使用 plt.pie

函数绘制饼图，展示不同城市的交通流量占比，labels 参数指定每个扇形的标签，autopct 参数指定显示百分比的格式，startangle 参数指定饼图的起始角度。接着设置图表的标题，使用 plt.savefig 函数将图表保存为不同城市的交通流量占比 .png 文件。最后使用 plt.close 关闭图形窗口。代码如下：

```
plt.figure(figsize=(10, 10))
plt.pie(city_traffic_flow['流量'], labels=city_traffic_flow['城市'], autopct='%1.1f%%', startangle=140)
plt.title('不同城市的交通流量占比')
plt.savefig('不同城市的交通流量占比.png')
plt.close()
```

(2) 运行主窗口，将显示图 4-3 所示的不同城市交通流量对比图。

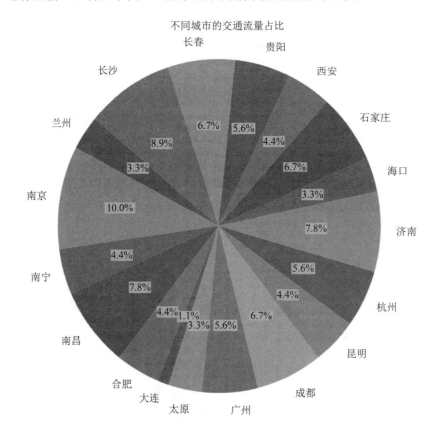

图 4-3　不同城市的交通流量对比图

通过对比分析，发现南京、长沙、南昌、济南的车流量较大，在交通管理和调控中，可以针对上述城市进行合理规划和治理。

2. 不同月份的车辆数量图

在实现每月车辆统计时，需要按照数据日期获取，针对月份信息进行分类，提取车辆数量信息，最后根据各月份车辆数据即通过柱状图统计表统计出不同月份的车辆信息。具体步骤如下：

(1) 调用 analyze_vehicle_count_by_month 函数分析不同月份的车辆数量，将结果存储在 monthly_vehicle_count 中。然后使用 plt.figure 创建一个大小为 10×6 的图形窗口，使用 seaborn 的 barplot 函数绘制柱状图，展示每个月的车辆数量。设置图表的标题、x 轴标签和 y 轴标签，使用 plt.savefig 函数将图表保存为不同月份的车辆数量 .png 文件。最后使用 plt.close 关闭图形窗口。代码如下：

```
#可视化：不同月份的车辆数量
plt.figure(figsize=(10, 6))
sns.barplot(x='月份', y='车辆数量', data=monthly_vehicle_count)
plt.title('不同月份的车辆数量')
plt.xlabel('月份')
plt.ylabel('车辆数量')
plt.savefig('不同月份的车辆数量.png')
plt.close()
```

(2) 运行主窗口，将显示图 4-4 所示的不同月份车辆信息。

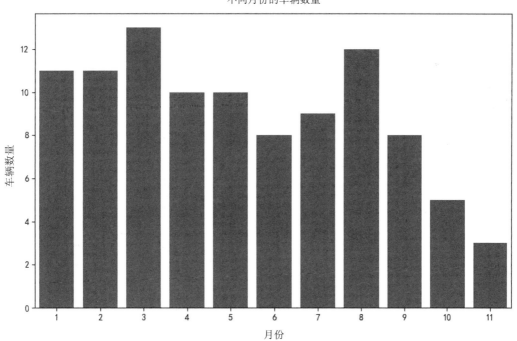

图 4-4　不同月份的车辆信息统计图

通过图 4-4 数据统计可分析该月交通流量较大的原因如旅游旺季等，相关部门可采取旅游、交通等策略，缓解交通压力，促进行业发展。

3. 速度与时间的关系(按月份)图

在实现速度与时间(月份)关系图时，需要按照数据日期获取，针对月份信息进行分类，提取速度信息，最后根据各时间车辆速度即通过折线图统计表统计出不同时间的车辆速度。具体步骤如下：

(1) 定义一个名为 analyze_speed_vs_time_by_month 的函数，用于分析速度与时间(按月份)的关系。首先，从数据日期列中提取月份信息，并将其存储在新的月份列中。然后，使用 groupby 方法按月份对数据进行分组，计算每个月的平均速度。最后，使用 reset_index 方法将结果转换为 DataFrame 格式，返回处理后的结果。代码如下：

```
def analyze_speed_vs_time_by_month(df):
    df['月份'] = df['数据日期'].dt.month
    monthly_ speed = df.groupby('月份')['速度'].mean().reset_index()
    return monthly_vehicle_speed
```

(2) 运行主窗口，将显示图 4-5 所示的不同时间车辆速度信息。

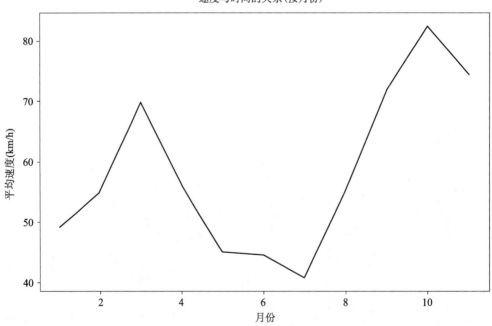

速度与时间的关系(按月份)

图 4-5　速度与时间关系图

通过分析速度与时间的关系，可以用于交通事故发生时交通管理部门对事故进行有效的分析和处理。

【学习产出】

学习产出考核评价表如表 4-2 所示。

表 4-2   学习产出考核评价表

评价要素	评价标准	评价方式		分值	得分
		小组评价	教师评价		
职业素养	1. 遵守公司、学校相关管理规定,按时完成工作任务。 2. 工作态度认真，积极向上，能够在相关操作过程中遵守专业道德、体现团队精神、社会责任感，具有较高的数据安全意识			20	
专业能力	1. 掌握 Python 绘制时间序列数据编程方法，完成柱状图、折线图和饼图的可视化。 2. 了解回归分析算法，懂得回归分析原理。 3. 掌握可视化工作流程，完成项目的数据可视化分析			70	
创新能力	1. 能优化分析与预处理流程。 2. 其他方面的创新性举措			10	
总分					
教师评语					

项目 5

文本数据分析与可视化

项目介绍

在信息洪流奔涌的当下，海量文本数据如同蕴含无尽宝藏的矿脉，成为各界亟待挖掘的富矿。本项目聚焦文本数据分析与可视化，致力于从纷繁复杂的文本内容中抽丝剥茧，提炼出高价值信息，为各行业的战略规划与精准决策筑牢根基。

借助 Python 生态下功能卓越的 NLTK、Scikit‑learn 等文本处理库，以及 Matplotlib、Seaborn 等前沿绘图工具，将晦涩的文本数据巧妙转化为直观易懂、极具美感的可视化成果。词云图以生动形象的方式，将文本中核心词汇的重要程度直观呈现，字体的大小与颜色深度映射着词汇的出现频率，让人一眼洞悉文本要义；情感分析可视化图表无论是采用柱状图对比不同文本群体的情感倾向，还是借助折线图追踪特定话题情感随时间的起伏变化，都能清晰展现文本背后潜藏的情绪脉络；主题分布可视化通过堆叠柱状图、桑基图等多元形式，在文本来源、时间等多维度交织中，精准揭示文本数据的主题构成与流转趋势，助力读者高效把握文本的深层价值和意义。

学习目标

- 知识：学习文本数据、文本数据预处理和文本分类算法。
- 技能：掌握 Python 编程语言，利用文本分类算法对数据进行分析并实现数据可视化。
- 态度：培养严谨认真的工作态度以及良好的社会责任感和团队合作精神。

项目要点

文本分类算法，文本数据分析，文本数据可视化。
【建议学时】8 学时。

前置任务

1. 了解文本类相关数据结构。
2. 了解文本分析相关算法。
3. 掌握 Python 的 Scikit-learn 库相关功能。

5.1　文本数据在大数据中的应用

自文字出现以来，人类社会就在不断地积累文本信息，而在计算机时代到来之前，这些文字信息多以书籍、纸媒等形式记录在纸上。随着计算机的发明和普及，越来越多的文本数据被数字化。以前能占满一整座图书馆的文本信息，现在可以轻松存储在一小块硬盘里。除了这些历史积累下的文本外，互联网上还会每天生成海量文本数据。互联网的出现实际上为人类提供了一个新的活动维度，博客、微博、微信、推特等社交媒体应运而生，每个用户都可以创作并发布文本信息，这些文本被称作"用户生成内容"(User Generated Content)。在互联网上，每天都有海量的数据被用户创作出来，文本数据占很大一部分。

从人文研究到政府决策，从精准医疗到量化金融，从客户管理到市场营销，这些海量的文本作为最重要的信息载体之一，处处发挥着举足轻重的作用。但是单凭人力又难以处理积累下来的庞杂的文本，因此使用大数据和深度学习技术来理解文本、提炼信息一直是研究的热点。鉴于对文本信息需求的多样性，可以从不同层级提取与呈现文本信息。一般把对文本的理解需求分为：词汇级(Lexical Level)、语法级(Syntactic Level)和语义级(Semantic Level)3 级。对不同层级信息的挖掘都有相应的信息挖掘方法来支持。一般来说，词汇级使用各类分词算法，语法级使用一些句法分析算法，语义级则使用主题提取算法。

5.2　文本数据可视化

一段文本的内容可以用高频词、短语、句子、主题等表示，但是文本可视化遇到的任务通常是对有海量文本的集合进行可视化分析，针对不同类型的文本集合，可采用不同的方法进行可视化分析。

5.2.1　关键词可视化

一个词语若在一个文本中出现频率较高，那么这个词语可能就是这个文本的关键词。

在实际应用中还要考虑这些词是否在其他文本中也经常出现。例如，"的"等词语在中文文本中很常见，但没有蕴含什么信息，应该在统计中被忽略。一般做法是构建一个停用词表，在分词阶段就将这些词去除。除了停用词表外，还可以采用 TF-IDF(Term Frequency-Inverse Document Frequency)方法来计算词语对表达文本信息的重要程度。其中：TF(Term Frequency)指词语在目标文本的出现频率，计算公式为 IF = 词语在目标文本出现的次数÷目标文本总词数；IDF (Inverse Document Frequency)是逆文件频率，其简单的计算公式为 IDF = log(目标文档集合的文档总数÷包含该词的文档总数 + 1)。TF-IDF 指标就是将 TF 和 IDF 相乘得到的，该指标综合考虑了一个词语在目标文本和其他文本中出现的频率。从公式可以发现一个词在目标文本中出现的频率越高，在其他文本中出现的频率越低，其 TF-IDF 权重就越高，越能代表这个目标文本的内容。

标签云是一种常见的关键词可视化方法，制作标签云主要分为两步：

(1) 统计文本中词语出现频率、TF-IDF 等指标来衡量词语的重要程度，提取权重较高的关键词。

(2) 按照一定规律将这些词展示出来，可以用颜色透明度的高低、字体的大小等来区分关键词的重要程度，要遵循权重越高，越能吸引注意力的原则。一般权重越大，字体越大，颜色越鲜艳，透明度就越低。生成代码如下：

```python
import matplotlib.pyplot as plt
from wordcloud import WordCloud
import numpy as np
from PIL import Image
#示例文本
text = "Python is a high-level, interpreted programming language. Python has a simple syntax. Python is
        widely used in data analysis, machine learning, web development."
#生成词云对象
wordcloud = WordCloud(background_color="white", max_words=100, contour_width=3,
                      contour_color='steelblue').generate(text)
#显示词云
plt.figure(figsize=(8, 4))
plt.imshow(wordcloud, interpolation='bilinear')
plt.axis("off")
plt.show()
```

根据代码生成标签词云图，如图 5-1 所示。

图 5-1　词云图

5.2.2　文本分布可视化

文本分布可视化实际上是引入了词语在文本当中的位置、句子长度等信息,这些信息常被制作成文本弧。文本弧特性如下:

(1) 用一条螺旋线表示一篇文章,螺旋线的首尾对应着文章的首尾,文章的词语有序地分布在螺旋线上。

(2) 若词语在整篇文章中出现得比较频繁,则词语会靠近画布的中心区域分布。若词语只是在局部出现得比较频繁,则词语会靠近螺旋线分布。

(3) 字体的大小和颜色深度代表着词语的出现频率。

5.3　文本分类算法

1. TF-IDF 算法

TF-IDF 算法在词频基础上,兼顾词在整个微博语料库中的普遍程度。如果一个词在某条微博里频繁出现,在整个微博大语料库里却很罕见,那么它的 TF-IDF 值就高,大概率是与热点相关的关键用词。例如,在某时段微博里,"世界杯""进球"这类词的 TF-IDF 值居高不下,"世界杯"就极有可能是当下热点话题。TF-IDF 算法的作用是快速锁定微博文本中的高频词汇与标志性关键词,为识别热点话题提供有力支持。

2. K-均值聚类算法

K-均值聚类算法先随机确定 K 个簇中心,接着把每条微博文本划分到离它最近的簇中心所属簇,之后重新核算各簇中心,如此反复达代操作,直到簇中心不冉显著变动或者达到最大达代次数才停止。它能把内容相似的微博文本归为一类,以"旅游"热点话题为例,可进一步聚类出"国内旅游""国外旅游""亲子旅游"等不同子类,帮助细化对热点话题的理解。

3. 机器学习情感分析算法

机器学习情感分析算法借助有标签的微博数据开展训练,搭建分类模型。例如,逻辑回归通过逻辑函数,把线性回归输出映射到 0~1 区间,表明样本属于某情感类别的概率;朴素贝叶斯依据贝叶斯定理和特征条件独立假设进行分类。相较于基于词典的方法,这类算法在处理语义复杂文本时,分析微博情感倾向的准确性更高,能更精准地捕捉用户的复杂情感。

5.4　任　务　实　战

本节任务实战以互联网热点舆情分析为例。

当前,层出不穷的热点事件频繁刷屏,网友言论活跃程度前所未有。无论是国内还是国际重大事件,都能迅速在网络上形成舆论,人们通过网络表达观点、传播思想,进而产生巨大的舆论压力,这种压力已到了任何部门、机构都无法忽视的地步。可以说,互联网已成为思想文化信息的集散地和社会舆论的放大器。舆情监控系统通过对网页、论坛、BBS等热点问题和重要领域比较集中的网站信息进行 24 小时监控,随时下载最新的消息和意见。下载后,系统会对数据格式进行转换,并对元数据进行标引。对下载到本地的信息,系统会进行初步的过滤和预处理。值得注意的是,对热点问题和重要领域实施有效监控的前提是必须通过人机交互建立舆情监控的知识库,以指导智能分析的过程。

通过舆情数据分析,相关部门可以及时了解网络舆情动态,并关注自己在网络舆情中的状态。这样,部门可以开展网络舆情预警,及时纠正网络上关于自己的负面舆论影响,为网络危机公关或品牌形象营销提供数据支持。

5.4.1　数据处理

1. 数据获取

在利用 Python 进行数据处理前,需导入相关 Python 库。Pandas 库用于数据处理和分析,提供了数据结构和数据处理工具;Matplotlib.pyplot 是常用的绘图库,用于创建各种图表;wordcloud 用于生成词云图;Seaborn 是基于 Matplotlib 的高级绘图库,能创建更美观的图表;json 库用于处理 JSON 格式的数据;collections 模块中的 Counter 类用于统计可迭代对象中元素的出现次数。导入库代码如下:

```
#导入库
import pandas as pd
import matplotlib.pyplot as plt
from wordcloud
import WordCloud
import seaborn as sns
import json
from collections
import Counter
```

接下来使用 with open 语句以只读模式打开电子资料中的"项目 5-互联网热点舆情分析微博用户原始数据.JSON"文件,并指定编码为 utf-8。通过 json.load 函数将文件中的 JSON数据加载到 data 变量中。再利用 Pandas 库的 DataFrame 函数将 JSON 数据转换为 DataFrame格式,便于后续的数据处理和分析。

2. 数据清洗

对数据进行清洗,主要操作是去除文本中的冗余和非文本数据,如图片信息和视频信息等。代码如下:

```
python
#数据清洗:去除冗余数据和非文本数据
df_cleaned = df.drop(columns=['图片信息', '视频信息'])
```

3. 关键词提取

微博上用户的发言能反映他们当下关注的内容。通过提取词汇并统计词频，可直观知晓被频繁提及的话题、事件或概念。例如，在某一时间段内，"人工智能"一词的出现频率很高，这就表明人工智能相关话题是当时微博用户关注的热点之一，舆情分析人员可据此把握公众关注焦点的变化趋势，为进一步深入分析舆情走向提供基础。同样，通过对词汇的持续监测和词频统计，能发现一些原本不太受关注但出现频率呈上升趋势的词汇，这些词汇可能预示着潜在的热点话题或发展趋势。例如，某个新的产品概念或社会现象相关词汇的出现频率开始悄然上升，这可能是一个值得关注的新趋势，有助于相关方提前做好准备，及时调整舆情应对策略或进行相关的市场布局。

在本次任务实战的关键词提取中，首先使用 join 方法将 df_cleaned 中微博信息列的所有文本连接成一个字符串，单词之间用空格分隔。然后通过 split 方法将这个字符串拆分成单个单词，存储在 words 列表中。接着利用 Counter 类统计 words 列表中每个单词的出现次数，得到 word_counts。最后使用 most_common(10)方法获取出现次数最多的前 10 个单词及其频次，存储在 common_words 中。代码如下：

```
#提取所有微博信息中的词汇
all_text = "".join(weibo for weibo in df_cleaned['微博信息'])
words = all_text.split()
#统计词频
word_counts = Counter(words)
common_words = word_counts.most_common(10)    #取前 10 个高频词
```

5.4.2　数据分析与可视化

1. 关键词词云图

词云图能够直观呈现数据，突出关键信息，出现频率高的词汇会以较大的字体显示，使其在众多词汇中脱颖而出。这样可以突出显示舆情中的关键信息，帮助分析人员迅速聚焦重要的主题和概念，便于快速了解公众关注的重点方向，为进一步深入分析舆情提供指引。具体步骤如下：

(1) 利用 WordCloud 类创建一个词云图对象，设置宽度为 800 像素、高度为 400 像素、背景颜色为白色，字体路径指定为 C:/Windows/Fonts/msyh.ttc(微软雅黑字体文件)并根据词频 word_counts 生成词云图。代码如下：

```
#生成词云图
wordcloud=WordCloud(width=800,height=400,background_color='white', font_path='C:/Windows/Fonts/
                    msyh.ttc').generate_from_frequencies(word_counts)
#显示并保存词云图
plt.figure(figsize=(8, 4))
plt.imshow(wordcloud, interpolation='bilinear')
```

```
plt.axis('off')
plt.title('微博信息词云图')
plt.savefig('wordcloud.png', dpi=300)
plt.show()
```

(2) 运行主窗口后,将显示图 5-2 所示的微博信息词云图。

图 5-2　微博信息词云图

词云图展示了微博文本中出现频率较高的词汇。从图中可以看出,"参赛作品描述""瑜伽""咖啡""拓展活动详情"等词汇较为突出。这表明近期微博用户讨论的热点集中在各类参赛活动、健身运动以及休闲生活方面,反映出用户对于自我提升、健康生活和社交互动的关注。

2. 热点话题互动折线图

折线图能直观展示传播过程中某一特征随时间或其他连续变量变化的趋势,如信息传播热度的起伏。通过观察折线走势、斜率,可发现传播规律与模式,如高峰期、低谷期以及传播速度变化等。它还能在同一图中对比不同地区、群体或信息类型的传播特征,结合数据与趋势,借助数学模型或经验预测未来传播情况,为各领域决策制定者提供直观的数据支撑,辅助其快速了解状况并及时作出科学决策。具体步骤如下:

(1) 使用 Python 的 Pandas 和 Matplotlib 库,从清理好的数据中提取发布时间、转发数和评论数,按小时对数据进行重采样并求和,最后绘制折线图展示热点话题的互动变化趋势,同时将图表保存为图片文件。代码如下:

```
#折线图
df_cleaned['发布时间'] = pd.to_datetime(df_cleaned['发布时间'])
df_cleaned.set_index('发布时间', inplace=True)
hourly_data = df_cleaned.resample('H').sum()[['转发数', '评论数']]
hourly_data.plot(figsize=(8, 4))
plt.title('热点话题互动变化趋势')
plt.xlabel('时间')
plt.ylabel('互动数量')
```

```
plt.savefig('line_chart.png', dpi=300)
plt.show()
```

(2) 运行主窗口后，将显示图 5-3 所示的热点话题互动折线图。

该折线图展示了热点话题在不同时间的转发数和评论数变化趋势。从图中可知，在某些时间节点，如 12:00—18:00 以及次日 12:00 左右，互动量出现明显波动。其中评论数在部分时段骤降为 0，可能与话题热度变化、发布时间等因素相关。而转发数相对较为平稳，但也有一定的起伏，说明用户对于热点话题的参与度在不同时间存在差异。

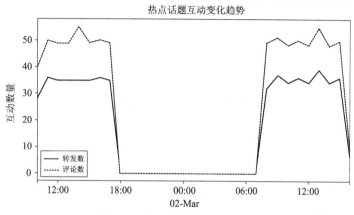

图 5-3   热点话题互动折线图

3. 情感倾向分析饼图

情感倾向分析饼图能直观呈现不同情感倾向占比，比如在用户评价里，可直观看清正面、负面、中性评价各自的比例，快速把握整体情感态势。饼图中各部分大小的对比，能突出主要情感倾向，帮助分析热点事件大众主流看法。针对不同群体绘制饼图，能清晰比较年龄、性别、地域等差异下的情感偏好，助力精准营销，最终为企业、政府等各类主体提供直观数据，辅助制定贴合大众情感与需求的科学决策。具体步骤如下：

(1) 使用 Python 的 Matplotlib 库，根据预设的不同情感倾向(正面、中性、负面) 的数量，绘制一个饼图来展示情感倾向的分布情况，并将该饼图保存为图片文件。代码如下：

```
#情感倾向分析：饼图
plt.figure(figsize=(8, 4))
sentiment_counts = {'正面': 120, '中性': 80, '负面': 50}
plt.pie(sentiment_counts.values(), labels=sentiment_counts.keys(), autopct='%1.1f%%', startangle=140)
plt.title('情感倾向分布')
plt.savefig('pie_chart.png', dpi=300)
plt.show()
```

(2) 运行主窗口后，将显示图 5-4 所示的情感倾向分析饼图。

该饼图显示了微博内容的情感倾向比例，正面情感占比 48.0%，中性情感占比 32.0%，负面情感占比 20.0%。整体来看，用户对于热点话题的情感态度较为积极，负面情感相对较少，表明当前热点事件在微博上引发的情绪以正面和中性为主。

情感倾向分布

图 5-4　情感倾向分析饼图

【学习产出】

学习产出考核评价表如表 5-1 所示。

表 5-1　学习产出考核评价表

评价要素	评价标准	评价方式		分值	得分
		小组评价	教师评价		
职业素养	1. 遵守公司、学校相关管理规定，按时完成工作任务。 2. 工作态度认真，积极向上，能够在相关操作过程中遵守职业道德，体现团队精神、社会责任感，具有较高的数据安全意识			20	
专业能力	1. 能区分数据类别，并选择适合的可视化图形进行展示。 2. 熟练使用 Pyhon 语言实现清洗和数据可视化。 3. 掌握分析原理			70	
创新能力	1. 能优化分析与预处理流程。 2. 其他方面的创新性举措			10	
总分					
教师评语					

项目 6

分类数据分析与可视化

项目介绍

通信和网络技术的快速发展与普及，极大地消除了客户与企业之间在时间和空间上的障碍，使双方的沟通变得前所未有的便捷。这一变化促使客户的个性化需求得到了极大的扩展。随着全球经济一体化进程的加速，不同国家和地区的企业将直接面对更为激烈的国际竞争。在这种背景下，企业传统的"以产品为中心"的理念逐渐被"以客户为中心"的理念所取代。企业越来越深刻地认识到，与客户建立稳固且持久的良好关系，已成为其在市场竞争中获胜的核心优势。

为了最大化企业利益，企业开始根据客户的各种行为信息数据来分析客户价值。在许多行业中，产品的同质性日益增强，传统的竞争手段如产品质量、价格以及市场差异化等，已经越来越难以帮助企业在市场中脱颖而出。因此，客户价值分析在这种背景下显得尤为重要。客户价值分析是基于客户的基本生活行为数据以及其他相关基础数据来进行的。通过分析，企业能够识别出高价值客户，这些客户不仅是企业的重要资源，也是各大网站潜在的巨大消费群体。

学习目标

- 知识：学习分类数据和 K-means 算法。
- 技能：熟练使用 Pandas 进行数据清洗、转换与结构化，能够对分类数据进行分析和可视化。
- 态度：培养严谨认真的工作态度以及良好的社会责任感和团队合作精神。

项目要点

文件解析，分类数据分析，分类数据可视化。
【建议学时】8 学时。

◆◆◆ 前置任务

1. 掌握 DataFrame 创建、索引、转置。
2. 掌握子图与 ax 对象操作。
3. 自定义函数清洗分类数据。

6.1 分类数据在大数据中的应用

分类数据的值是离散的、互斥的类别。每个类别都有明确的定义和界限，数据只能属于其中一个类别。分类数据在大数据中通过对事物特征或属性的系统性分组(如用户年龄段、电影类型、消费行为等)，将非结构化数据转化为可计算的标签，其核心价值贯穿数据采集、清洗标准化和分析建模的全链路。最终应用于用户分群(如青少年电影偏好分析)、推荐系统(基于"科幻电影"标签匹配内容)、风控反欺诈(识别"高频跨境交易"异常)、内容自动化(短视频"美食"标签自动标注) 等场景，实现从数据采集到业务决策的闭环，驱动精准营销、风险控制、产品优化等核心价值。

6.2 分类数据可视化

分类数据可视化通过图形化手段直观呈现不同类别数据的分布、对比或关系，核心在于将分类变量(如电影类型、用户年龄段)与数值指标(如百分比、频率)映射为可视化元素。

1. 堆叠柱状图

堆叠柱状图是普通柱状图的变体，堆叠柱状图会在一个柱形上叠加一个或多个其他柱形，一般它们具有不同的颜色。若数据存在子分类，并且这些子分类相加有意义，则可以使用堆叠柱状图来表示。

2. 雷达图

雷达图也叫蜘蛛图，是一种通过从同一点辐射出的直角坐标轴，以轴上对应刻度展示数据点，并将各点连成多边形的可视化图表。雷达图的特点鲜明，优势在于能直观呈现多变量综合状况，便于多维度对比，快速洞察数据差异与规律，形成全面认知；不过其也存在劣势，当变量过多时会使坐标轴密集、可读性降低，且不适合精确呈现具体数值，因此雷达图主要用于整体趋势与相对关系分析。

6.3　K-means 算法

K-means 算法是经典的无监督聚类算法，其原理是将数据集划分为 K 个聚类，使聚类内数据点相似度高、不同聚类间相似度低，通过计算数据点间的距离(常用欧几里得距离) 来衡量相似度并分配数据点。算法先随机选 K 个数据点作为初始聚类中心，接着将各数据点分配到最近的聚类中心所在聚类，再计算每个聚类中数据点的均值作为新的聚类中心，不断重复分配和更新步骤，直至聚类中心不变或达到预设迭代次数。它具有简单易实现、计算复杂度低、处理大规模数据效率高的优点，但对初始聚类中心选择敏感，可能陷入局部最优解，处理非球形数据集效果欠佳。该算法常用于客户细分以实现精准营销与个性化服务，通过图像分割助力图像识别与目标检测，以及借助数据压缩实现数据降维。

以电影分类为例，分类数据算法在对电影类型数据的标准化处理过程中主要体现在通过定义 standardize_category 函数来实现电影类型的标准化。该函数接收一个电影类型字符串作为输入，然后使用一系列条件判断语句对输入字符串进行匹配。如果字符串中包含特定的关键词，如"动作""爱情"等，则函数就返回对应的标准电影类型名称；如果没有匹配到任何关键词，则返回原始输入字符串。代码如下：

```
def  standardize_category(category)
    if '动作' in category:
        return '动作电影'
    elif '爱情' in category:
        return '爱情电影'
    elif '科幻' in category:
        return '科幻电影'
    #中间省略其他判断条件
    elif '歌舞' in category:
        return '歌舞电影'
    elif '剧情' in category:
        return '剧情电影'
    elif '惊悚' in category:
        return '惊悚电影':
    #省略其他相似的条件判断
    else:
        return category
```

6.4 任务实战

本节任务实战以电影网站客户价值分析为例。

在当下影视娱乐产业蓬勃发展的背景下，电影网站用户活跃度呈现爆发式增长，网友对于电影的讨论、评价、分享热情高涨，已达到空前程度。无论是热门大片上映，还是小众文艺片引发关注，都能迅速在电影网站平台上汇聚海量用户言论，形成强大的舆论场。电影网站不仅成为电影资讯的集中地，更演变为用户情感交流、观点碰撞的重要空间，其影响力足以对电影的口碑传播、票房走势乃至整个影视行业生态产生不可小觑的作用。通过深入的客户价值数据分析，电影网站运营团队能够实时掌握用户动态，精准把握自身在用户心目中的地位与形象。例如，及时察觉用户对影片资源丰富度、播放流畅性、推荐精准度等方面的满意度变化，进而实现用户体验预警。一旦发现负面评价集中爆发或用户流失风险上升，可迅速启动应对策略，为网站服务优化、内容运营调整、品牌形象塑造提供有力的数据支撑，助力电影网站在激烈的市场竞争中脱颖而出，持续提升用户黏性与商业价值。本任务实战针对不同层次人群对票房贡献、情感分析和受欢迎的电影类型数据进行分析。

6.4.1 数据处理

对电影类型进行清洗和规范化，是确保电影数据质量、提升分析效率与准确性的关键之举。原始电影数据中，类型的表述常因录入失误、格式不统一而杂乱无章，像"科幻片"错写为"科欢片"，"动作冒险片"存在"动作-冒险片""冒险动作片"等多种写法。这不仅会导致数据统计出错，使电影票房统计因表述混乱难以精准汇总，还会干扰机器学习等数据分析模型对电影类型特征的学习，降低预测判断的可靠性。规范电影类型，能统一格式、纠正错误，让数据在分类统计时更为便捷，为票房分析、观众偏好研究筑牢根基，极大提升电影数据分析工作的质量与效能。代码如下：

```
定义一个函数来标准化电影类型 def standardize_category(category):
    if '动作-冒险片' in category:
        return '动作电影'
    elif '爱情' in category:
        return '爱情电影'
    elif '科欢' in category:
        return '科幻电影'
    elif '喜剧' in category:
        return '喜剧电影'
    elif '恐怖' in category:
```

```
            return '恐怖电影'
        elif '动画' in category:
            return '动画电影'
        elif '悬疑' in category:
            return '悬疑电影'
        elif '历史' in category:
            return '历史电影'
        elif '战争' in category:
            return '战争电影'
        elif '音乐' in category:
            return '音乐电影'
        elif '冒险' in category:
            return '冒险电影'
        elif '犯罪' in category:
            return '犯罪电影'
        elif '灾难' in category:
            return '灾难电影'
        elif '传记' in category:
            return '传记电影'
            elif '家庭' in category:
            return '家庭电影'
        elif '儿童' in category:
                return '儿童电影'
        elif '歌舞' in category:
            return '歌舞电影'
        elif '剧情' in category:
            return '剧情电影'
        elif '惊悚' in category:
            return '惊悚电影'
        else:
            return category
```

6.4.2　数据分析与可视化

1. 票房贡献分析

对年龄段和电影类型两个关键元素进行分类。以年龄段为维度，将观众划分为不同群体，能清晰呈现各年龄段对票房的影响；以电影类型为另一维度，通过 x 轴展示不同类型的电影。借助这两个分类元素，将处理后的数据绘制成堆叠柱状图，使不同年龄段观众对各类电影的票房贡献比例一目了然，有助于深入了解电影市场的受众偏好和票房构成。具体步骤如下：

(1) 调用相关数据处理函数(假设为 process_box_office_data)将不同年龄段观众对各类电影的票房贡献数据整理成适合绘图的格式，存储在 box_office_df 中，并生成图片。代码如下：

```
box_office_df = process_box_office_data()
ax = box_office_df.plot(kind='bar', stacked=True, figsize=(10, 6))
ax.set_title('不同年龄段观众对各类电影的票房贡献')
ax.set_xlabel('电影类型')
ax.set_ylabel('票房贡献/%')
ax.set_xticklabels(box_office_df.index, rotation=45)
ax.legend(title='年龄段')
plt.tight_layout()
plt.savefig('不同年龄段观众对各类电影的票房贡献.png')
plt.close()
```

(2) 运行主窗口，单击运行后将显示不同年龄段观众对各类电影的票房贡献，如图 6-1 所示。

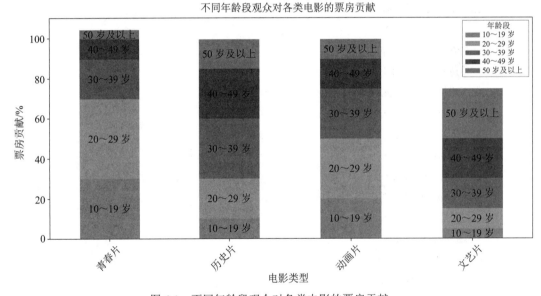

图 6-1　不同年龄段观众对各类电影的票房贡献

由不同年龄段观众对各类电影的票房贡献图可知，10～19 岁观众对青春片票房贡献显著，20～29 岁观众在各类电影上均有一定贡献，30～39 岁、40～49 岁观众对历史片、动画片等有较高贡献，50 岁及以上观众对文艺片的票房贡献相对突出。这表明各年龄段在电影消费上有明显差异，电影制作方和发行方应根据目标年龄段选准类型。

2. 情感倾向分析

使用字典结构可以方便存储和管理不同类型电影的情感倾向数据。每个键代表一种电影类型，对应的值是一个列表，列表中的元素分别表示积极、中性和消极 3 种情感的占比。这种数据结构可以轻松扩展到更多电影类型的分析。以青春片分析为例，具体步骤如下：

(1) 定义一个假设的情感倾向数据字典 sentiment_data，包含积极、中性和消极 3 种情感的占比。提取"青春片"的情感倾向值到 values 列表中，并获取情感类别数量 N。计算雷达图的角度值 angles，每个角度对应一个情感类别。为了使雷达图封闭，将 values 和 angles 的第一个元素追加到各自列表的末尾。代码如下：

```
import numpy as np
import matplotlib.pyplot as plt
#假设的情感倾向数据
sentiment_data = {
    '青春片': [0.7, 0.2, 0.1],   #积极, 中性, 消极
}
#绘制情感倾向雷达图
category = '青春片'
values = sentiment_data[category]
N = len(values)
angles = [n / float(N)*2*np.pi for n in range(N)]
values += values[:1]
angles += angles[:1]
plt.figure(figsize=(6, 6))
ax = plt.subplot(111, polar=True)
plt.xticks(angles[:-1], ['积极', '中性', '消极'], color='grey', size=8)
ax.plot(angles, values)
ax.fill(angles, values, 'b', alpha=0.1)
plt.title(f'{category} 情感倾向雷达图')
plt.show()
```

(2) 运行主窗口后，将显示青春片情感倾向雷达图，如图 6-2 所示。

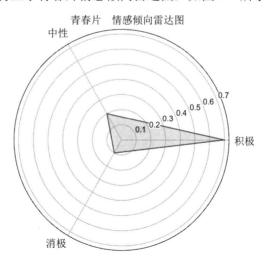

图 6-2　青春片情感倾向雷达图

青春片情感倾向雷达图显示，观众对青春片的情感倾向以积极为主，中性次之，消极情感较少。这说明青春片整体能带给观众较好的观影体验，凭借其题材和表现形式容易引发观众的正面情感共鸣，电影创作者可继续挖掘青春题材的正能量元素。

3. 电影类型受欢迎程度分析

基于一个名为 df 的 DataFrame 数据绘制柱状图，以此展示不同电影类型在各个年龄段的受欢迎程度，其中电影类型和年龄都为分类变量。步骤如下：

(1) 使用 Python 的 Pandas 库创建一个 DataFrame 对象，用来表示不同年龄段对不同类型电影的受欢迎程度。定义一个字典 data，用于存储不同年龄段对不同类型电影的受欢迎程度数据。字典的键('年龄段 1'、'年龄段 2'、'年龄段 3')代表不同的年龄段，每个键对应的值是一个列表，列表中的元素分别表示该年龄段对不同电影类型的受欢迎程度。代码如下：

```
#绘制柱状图
ax = df.plot(kind='bar', figsize=(12,8))
ax.set_title('电影类型在不同年龄段的受欢迎程度')
ax.set_xlabel('电影类型')
ax.set_ylabel('受欢迎程度/%')
ax.set_xticklabels(df.index, rotation=45)
ax.legend(title='年龄段')
plt.tight_layout()
plt.show()
```

(2) 运行主窗口，电影类型在不同年龄段受欢迎程度柱状图如图 6-3 所示。

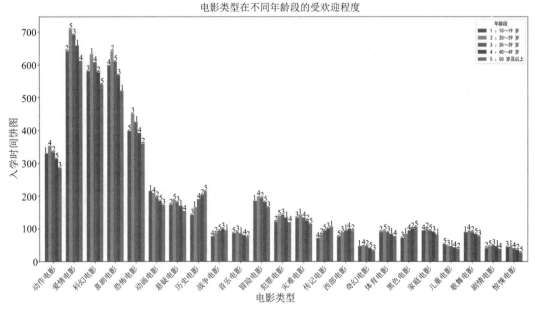

图 6-3　电影类型在不同年龄段受欢迎程度柱状图

电影类型在不同年龄段的受欢迎程度柱状图呈现出丰富信息，动作、爱情、科幻等类型在多个年龄段都有较高人气。各年龄段观众对电影类型的偏好既有共性又有个性，电影市场细分明显。电影营销可针对不同年龄段精准推广，满足观众多样化需求。

【学习产出】

学习产出考核评价表如表 6-1 所示。

表 6-1　学习产出考核评价表

评价要素	评价标准	评价方式		分值	得分
		小组评价	教师评价		
职业素养	1. 遵守公司、学校相关管理规定，按时完成工作任务。 2. 工作态度认真，积极向上，能够在相关操作过程中遵守专业道德，体现团队精神、社会责任感，具有较高的数据安全意识			20	
专业能力	1. 掌握分类数据常用的可视化方法。 2. 能够实现数据的清洗。 3. 掌握可视化工作流程，完成项目的数据可视化分析			70	
创新能力	1. 能优化分析与预处理流程。 2. 其他方面的创新性举措			10	
总分					
教师评语					

项目 7
比例数据分析与可视化

项目介绍

比例数据在商业、经济、社会与交通等多个领域应用广泛且意义重大。在商业领域，企业借助各品牌产品市场占比，清晰了解自身及对手市场地位，据此制定竞争策略；通过分析不同产品线销售额占比，优化产品组合。在经济领域，明确不同产业在 GDP 中的占比，为产业结构研究提供支撑，掌握居民收入分配比例，助力收入分配政策调整。在交通领域，乘客依据不同车型、不同时段出行订单占比，了解市场网约车供需情况，在打车时做出更具性价比的选择，如在高峰时段选择拼车出行，降低出行成本。

借助 Python 的 Matplotlib 绘图工具，把复杂的比例数据巧妙转化为直观且极具吸引力的可视化图表。精准呈现各部分占总体的比例关系，帮助用户迅速洞悉整体构成，对比各时间段内各部分的变化，凸显发展态势。

学习目标

• 知识：学习利用 Pandas 进行数据清洗，了解数据结构与算法、数据预处理和 Haversin 算法。

• 技能：掌握 Python 编程语言，Matplotlib 高级应用，OD 矩阵，利用回归算法对数据进行分析并实现数据可视化。

• 态度：培养数据安全意识、社会责任感和团队合作精神。

项目要点

文件操作与数据读取，字典与数据结构，数据清洗与标准化、回归模型、地理坐标解析字符串拆分经纬度类型转换。

【建议学时】8 学时。

1. 掌握 Pandas 基础操作、Matplotlib 基础绘图和 JSON 数据嵌套结构，能够从网络爬取相关数据。

2. 利用回归分析模型对空间数据进行分析。

7.1　比例数据在大数据中的应用

比例数据是根据类别、子类别或群体来进行划分的数据。对于比例数据，进行可视化的目的是寻找整体中的最大值、最小值、整体的分布构成以及各部分之间的相对关系。前两者比较简单，将数据由小到大进行排列，位于两端的分别就是最小值和最大值。商业领域中，它助力企业进行市场细分定位，如电商平台根据不同消费群体占比进行精准营销，它还能优化供应链管理，如制造企业依据成本占比控制关键环节成本；金融行业内，用于信用评估，金融机构借助信用指标比例判断风险，也可辅助投资组合分析，基金经理依据资产占比调整配置以提升收益；城市规划与交通管理方面，可指导城市功能布局，规划部门按用地占比完善城市功能，还能调控交通流量，管理部门根据车流量占比缓解拥堵。

7.2　比例数据可视化

比例数据可视化涉及部分与整体的刻画，有多种可以选择的可视化图表，它们用不同的形状和组织方式来从不同角度突出部分与整体的关系。

7.2.1　饼图

饼图是十分常见的统计学模型，用来表示比例关系十分直观形象。饼图在设计师手里能衍生出视觉效果各异的图形，可以直观呈现各部分占比的差别以及部分与整体之间的比例关系。

根据学生入学时间将学生分为 3 类，七成学生都是正常时间入学，不到一成学生错后入学，两成多的学生提前入学，使用 Python 绘制饼图的代码如下：

```
import matplotlib. pyplot as plt
plt. rcParams[ 'font.sans-serif] ='SimHei'
#设置中文显示
plt. figure(figsize=(6,6))        #将画布设定为正方形，则绘制的饼图是正圆形
```

```
label=['正常入学'，错后入学', '提前入学]
#定义饼图的标签
explode=[0.01,0.01,0.01]                #各项距离圆心的偏移值
values=[ 719,84,196]
plt.pie( values , explode =explode , labels =label . autopct='%1.1f%%')        #绘制饼图
plt.title('入学时间饼图')                #绘制标题
plt. savefig('./入学时间饼图')            #保存图片
plt. show()
```

运行代码后生成的饼图如图 7-1 所示。

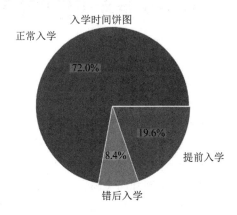

图 7-1　入学时间统计饼图

7.2.2　比例中的堆叠

在项目 6 中提到的堆叠柱状图也可以用来呈现比例数据，实际应用中数值轴一般表示比例，堆叠柱状图在进行不同比例之间变化的比较时，以及时间序列比较时是具有优势的。这里就不重复介绍该可视化方法。

7.2.3　时空比例数据可视化

现在的数据往往都带有时间维度的信息，时间属性的比例数据也是经出现的。例如，每年都会对各项消费占居民总消费的比例进行统计，每一年的调查结果都会积累下来。各种消费占比随着时间的变化情况是国家很关心的信息，这可以反映国民的生活变化趋势。在可视化时空比例数据时，可以使用堆叠柱状图，也常使用堆叠面积图。

堆叠面积图基于笛卡尔坐标系，x 轴表示类别变量，通常为时间或其他有序数据；y 轴代表数值变量。不同数据系列以堆叠的方式呈现，各系列面积的总和表示总量。每个数据系列的面积大小对应其数值占总量的比例，通过颜色或图案区分不同系列，便于直观比较各部分与整体、各部分之间的关系。以时间序列数据为例，用于绘制堆积面积图。给出 Python 生成代码，具体如下：

```
import pandas as pd
import numpy as np
```

```python
import matplotlib.pyplot as plt
#生成示例数据
np.random.seed(42)
date_rng = pd.date_range(start='2025-01-01', end='2025-12-31', freq='M')
categories = ['A', 'B', 'C', 'D']
data = {
    category: np.random.randint(10, 100, len(date_rng)) for category in categories
}
df = pd.DataFrame(data, index=date_rng)
#绘制堆叠面积图
plt.figure(figsize=(10, 6))
plt.stackplot(df.index, df.T, labels=df.columns)
#添加标题和标签
plt.title('堆叠面积图示例')
plt.xlabel('日期')
plt.xticks(rotation=45)
plt.ylabel('数值')
#显示图例
plt.legend(loc='upper left')
#显示网格线
plt.grid(True)
#显示图形
plt.tight_layout()
plt.show()
```

运行代码后生成的堆叠面积图如图 7-2 所示。

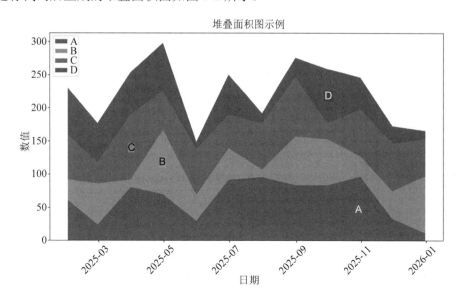

图 7-2　堆叠面积图

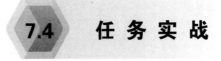

7.3 Haversin 算法

Haversine 算法用于计算地球上两个点之间的最短距离(假设地球是一个理想的球体)，这种距离被称为大圆距离。它是航海和航空领域常用的一种方法，用来估算两个地理坐标点(经度和纬度)之间的距离。该算法的计算原理基于球面三角学。

该算法的核心是 Haversin 函数，其定义为

$$\mathrm{haver}\sin(\theta) = \sin^2\left(\frac{\theta}{2}\right)$$

在计算球面距离时，通过 Haversin 函数可以更方便地处理角度和距离的关系公式为

$$d = 2R\arcsin\sqrt{\mathrm{haver}\sin(\varphi_2 - \varphi_1) + \cos\varphi_1\cos\varphi_2\mathrm{haver}\sin(\lambda_2 - \lambda_1)}$$

其中，φ_1、φ_2 是两个点的纬度，λ_1、λ_2 是两个点的经度，以弧度为单位。

7.4 任 务 实 战

本节任务实战以网约车 GPS 定位信息分析为例。

随着移动互联网的快速发展以及经济增长，国民出行方式更加丰富多样，网约车逐渐成为国民出行的一种习惯，用户规模稳定增长。据中国互联网络信息中心发布的第 55 次《中国互联网络发展状况统计报告》显示，截至 2024 年 12 月，我国网约车用户规模达 5.39 亿人，占网民整体的 48.7%。网约车市场规模也在不断扩大，2024 年网约车行业交易规模超过 3000 亿元，进入优质运力及技术驱动增长的新阶段，取得经营许可的网约车平台超过 360 家，全年订单量达到 110 亿单。本任务针对网约车定位信息进行信息相关数据统计，计算不同交通信息平台的日收入总和、接单总量以及行驶总距离，展示各平台网约车基本情况、各平台信息每日走势情况和各平台信息对比情况，为网约车企业优化资源配置、提升运营效率提供有效参考，助力企业在竞争激烈的市场中做出科学决策。

7.4.1 数据处理

网约车定位信息包含字段：平台标识，接单时间，里程结束时间，乘客总数，里程，接单经度，接单纬度，目的地经度，目的地纬度。数据完整性对网约车数据分析的准确性具有较高的影响，在实现分析和可视化前，对数据进行有效处理，通过 Python 定义一个名

为 validate_entry 的函数，对网约车订单数据条目进行验证，确保数据的完整性和合理性。代码如下：

```
def validate_entry(entry):
"""验证数据条目是否有效"""        #检查必要字段
    required_fields = ['平台标识', '接单时间', '里程结束时间', '乘客总数', '里程', '接单经度', '接单纬度',
                '目的地经度', '目的地纬度']
    for field in required_fields:
        if field not in entry or entry[field] is None:
            print(f"缺少必要字段: {field}")
            return False        #验证经纬度范围
    if not (73 <= entry['接单经度'] <= 135 and 18 <= entry['接单纬度'] <= 53):
        print(f"接单经纬度超出中国范围: {entry['接单经度']}, {entry['接单纬度']}")
        return False
    if not (73 <= entry['目的地经度'] <= 135 and 18 <= entry['目的地纬度'] <= 53):
        print(f"目的地经纬度超出中国范围: {entry['目的地经度']}, {entry['目的地纬度']}")
        return False
    return True
```

7.4.2   数据分析与可视化

1. 各平台收入饼图

以滴滴出行、美团打车和 Uber 为要素，以收入为对象进行数据分统计和分类对比，生成饼图。具体步骤如下：

(1) 定义一个名为 plot_income_pie 的函数，其主要功能是根据输入的聚合数据生成一个饼图，用于展示各平台总收入的比例关系，并将生成的饼图保存为图片文件。代码如下：

```
def plot_income_pie(aggregated_data):
"""生成饼图：各平台总收入比例(改进版) """
    import matplotlib.pyplot as plt
    #配置中文字体
    plt.rcParams['font.sans-serif'] = ['SimHei']
    plt.rcParams['axes.unicode_minus'] = False

    platforms = list(aggregated_data.keys())
    total_incomes = []

    #计算总收入(含异常处理)
    for platform in platforms:
        try:
            income = sum(
```

```
                float(day_data['总费用'])
                for day_data in aggregated_data[platform].values()
            )
            total_incomes.append(income)
        except KeyError:
            print(f"警告：平台 '{platform}' 缺少 '总费用' 字段，已跳过。")
            total_incomes.append(0)


    #检查总收入是否为 0
    total_sum = sum(total_incomes)
    if total_sum == 0:
        print("错误：总收入为 0，无法生成饼图。")
        return


    #动态生成颜色
    colors = plt.cm.tab10.colors[:len(platforms)]


    #绘制饼图


    #优化图例标签格式(添加千位分隔符)
    legend_labels = [
        f'{p}: {i:,.2f}元  ({i/total_sum*100:.1f}%)'
        for p, i in zip(platforms, total_incomes)
    ]
```

(2) 运行主窗口后，将显示各平台总收入比例，如图 7-3 所示。

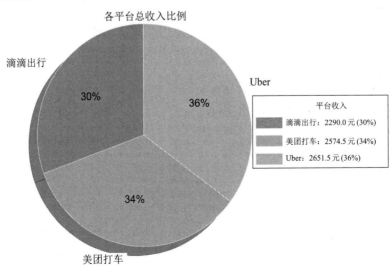

图 7-3   各平台总收入比例

从上图中的数据可以看出，Uber 凭借高端市场定位或技术优势占据先机，美团打车依托本地生活生态协同效应紧追其后，而滴滴需警惕份额持续收缩风险。业务层面，建议滴滴优化服务体验重获用户信任，美团深化"打车+消费"场景联动提升黏性，Uber 可探索自动驾驶等差异化技术投入。投资者需透过收入表象，结合成本结构评估真实盈利能力，重点关注美团生态协同潜力和 Uber 的创新转化效率。

2. 平台行驶距离

以滴滴出行、美团打车和 Uber 为要素，以平台车辆行驶距离为比较对象，对距离数据统计，生成面积堆叠图。x 轴为时间轴，直观展示各平台随时间的里程变化。层叠区域的高度总和为总里程，颜色区域大小反映各平台贡献比例。具体步骤如下：

(1) 定义一个名为 plot_total_distance_stacked_area 的函数，主要功能是根据输入的聚合数据绘制各平台行驶总距离的堆叠面积图，并保存为图片。代码如下：

```
import matplotlib.pyplot as plt
def plot_total_distance_stacked_area(aggregated_data):
"""生成堆叠面积图：各平台行驶总距离"""
    platforms = list(aggregated_data.keys())
    all_dates = set()
    for platform_data in aggregated_data.values():
        all_dates.update(platform_data.keys())
    all_dates = sorted(list(all_dates))
    distances = []
    for platform in platforms:
        platform_distances = []
        for date in all_dates:
            if date in aggregated_data[platform]:
                platform_distances.append(aggregated_data[platform][date]['总里程'])
            else:
                platform_distances.append(0)
        distances.append(platform_distances)
    #设置颜色
    colors = ['#FF7F50', '#87CEFA', '#90EE90']
    plt.figure(figsize=(10, 6))
    plt.stackplot(all_dates, distances, labels=platforms, colors=colors)
    plt.title('各平台行驶总距离(堆叠面积图) ', fontsize=16)
    plt.xlabel('日期', fontsize=14)
    plt.ylabel('总距离(公里) ', fontsize=14)
    plt.grid(axis='y', linestyle='--', alpha=0.7)
    plt.legend(fontsize=12)
    #设置 x 轴日期格式
```

```
plt.xticks(rotation=45)
plt.tight_layout()
#保存图片
plt.savefig('各平台行驶总距离(堆叠面积图).png', dpi=300, bbox_inches='tight')
plt.close()
```

(2) 运行主窗口，各平台每日行驶总距离堆叠面积图如图 7-4 所示。

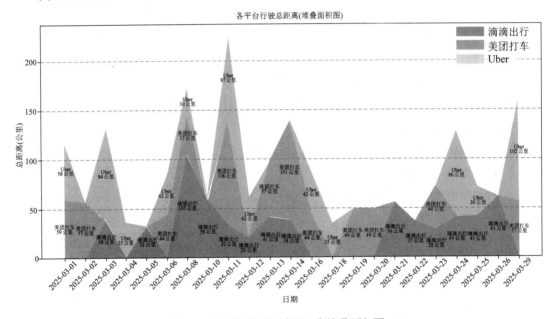

图 7-4　各平台每日行驶总距离堆叠面积图

3. 各平台日行驶距离走势折线图

对滴滴出行、美团打车和 Uber 三个平台每日行驶距离走势进行分析，以时间为数据要素，对里程数据进行统计，形成走势折线图。具体步骤如下：

(1) 定义一个名为 plot_daily_distance_line 的函数，根据输入的 aggregated_data 数据生成一个线形图，用以展示各平台每日行驶总距离的走势，最后将生成的图形保存为各平台每日行驶总距离走势.png 文件。代码如下：

```
import matplotlib.pyplot as plt
def plot_daily_distance_line(aggregated_data):
"""生成线形图：各平台每日行驶总距离走势"""
    plt.figure(figsize=(12, 7))
    #获取所有日期并排序
    all_dates = set()
    for platform_data in aggregated_data.values():
        all_dates.update(platform_data.keys())
    all_dates = sorted(list(all_dates))
```

```
#为每个平台绘制线条
color_map = plt.get_cmap('tab10')
markers = ['o', 's', '^', 'd', 'v', 'p', '*', 'h', 'H', '8']
num_platforms = len(aggregated_data)
for i, (platform, platform_data) in enumerate(aggregated_data.items()):
    #为所有日期创建数据点，如果没有数据则为 0
    dates = all_dates.copy()
    distances = []
    for date in dates:
        if date in platform_data:
            distances.append(platform_data[date]['总里程'])
        else:
            distances.append(0)    #如果该日期没有数据，则设为 0
    color = color_map(i % 10)
    marker = markers[i % len(markers)]
    plt.plot(dates, distances, label=platform, color=color, marker=marker, linewidth=2,
        markersize=8)


plt.title('各平台每日行驶总距离走势', fontsize=16)
plt.xlabel('日期', fontsize=14)
plt.ylabel('每日总距离(公里) ', fontsize=14)
plt.grid(True, linestyle='--', alpha=0.7)
plt.legend(fontsize=12)
#设置 x 轴日期格式
plt.xticks(rotation=45)
plt.tight_layout()
#保存图片
try:
    plt.savefig('各平台每日行驶总距离走势.png', dpi=300, bbox_inches='tight')
    print("图片保存成功！ ")
except Exception as e:
    print(f"图片保存失败：{e}")
plt.close()
```

(2) 运行主窗口，各平台每日行驶总距离走势折线图如图 7-5 所示。

各平台业务量起伏波动明显且各有差异。滴滴出行部分日期行驶总距离突出，但也有低谷；美团打车整体相对平稳，维持在一定业务规模；Uber 波动极大，时而登顶时而探底。通过分析该图，不仅能对比各平台竞争力，还能挖掘出行规律，结合外部因素，进一步探究影响各平台业务量的原因，助力平台优化运营策略。

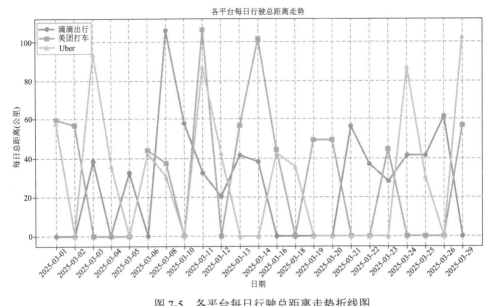

图 7-5　各平台每日行驶总距离走势折线图

【学习产出】

学习产出考核评价表如表 7-1 所示。

表 7-1　学习产出考核评价表

评价要素	评价标准	评价方式		分值	得分
		小组评价	教师评价		
职业素养	1. 遵守公司、学校相关管理规定，按时完成工作任务。 2. 工作态度认真，积极向上，能够在相关操作过程中遵守专业道德，体现团队精神、社会责任感，具有较高的数据安全意识			20	
专业能力	1. 掌握比例数据的核心概念。 2. 能够实现数据的清洗。 3. 掌握可视化工作流程，完成项目的数据可视化分析			70	
创新能力	1. 能优化分析与预处理流程。 2. 其他方面的创新性举措			10	
总分					
教师评语					

第3篇 数据运维

大数据时代，数据运维至关重要，本篇聚焦 HBase、Hive、Spark 三大核心组件运维，为从业者提供专业指引。

HBase 组件运维项目从组件概述到配置参数，深入讲解数据运维操作，以便应对海量数据存储挑战及保障数据读写的高效稳定。

Hive 组件运维项目从 HiveQL 出发对数据进行操作，实现数据的快速运算，降低入门和开发的难度，将类 SQL 语句转化为 MapReduce 执行，实现海量数据的提取，从容应对复杂的分析任务。

Spark 组件运维项目从架构和原理出发，介绍 Scala 和 Spark 的安装部署、Spark 的参数修改方法和基本管理。运维板块聚焦 Spark Shell 编程，帮助初学者掌握 Spark 组件的运维方法，为大数据处理助力。

项目 8

HBase 组件运维

项目介绍

在互联网金融行业蓬勃发展的当下，数据已成为企业的核心资产之一。随着业务的多元化和用户量的激增，对数据处理和存储的要求达到了前所未有的高度。HBase 组件数据运维项目在此行业背景下应运而生，发挥着至关重要的作用。

互联网金融行业每天需要处理海量的交易数据、用户信息、风险评估数据等。交易数据不仅要实时记录，确保每一笔资金的流向清晰可查，而且要保证数据的准确性和完整性，任何数据的丢失或错误都可能引发严重的财务风险和信任危机。用户信息包括个人基本资料、信用记录、投资偏好等，这些数据需要严格保密且精准管理，以便为用户提供个性化的金融服务，同时满足合规性要求。风险评估数据则是保障金融机构稳健运营的关键，通过对市场数据、用户行为数据等进行分析，及时发现潜在风险并采取应对措施。

在这样复杂且严格的行业需求下，HBase 组件数据运维项目致力于构建一个高效、稳定、安全的数据管理体系。密切监控与管理集群，一旦发现异常，如服务器负载过高可能影响交易处理速度，或者网络波动可能导致数据传输中断，运维人员能够迅速响应并采取措施，确保交易的连续性和数据的安全性。

学习目标

- 知识：理解 HBase 数据模型的组成及相关术语；明确 HBase 的体系结构，分析各组件的作用及功能。
- 技能：会配置 HBase 环境，能够使用 HBase 进行数据运维。
- 态度：培养认真严谨的工作态度。

项目要点

HBase 概述，HBase 数据模型，HBase 体系结构，HBase 组件，HBase 环境配置，HBase 数据运维。

【建议学时】8 学时。

前置任务

1. 熟悉 HDFS 分布式文件系统。
2. 具有 Hadoop 基础知识。
3. 能够熟练应用 Linux 操作系统命令。

8.1　HBase 组件概述

8.1.1　HBase 基础知识

HBase(Hadoop Database)是 Apache Hadoop 生态系统中的重要组成部分。具体来说，HBase 具有以下几个显著特点：

(1) 分布式存储：HBase 构建在 Hadoop 分布式文件系统之上，能够跨多个节点分布存储和处理数据，充分利用集群的计算和存储能力。

(2) 面向列存储：与传统的关系型数据库按行存储数据不同，HBase 按列族存储数据。这种存储方式在处理稀疏数据时非常高效，因为只读取需要的列，所以可以减少读/写操作来提高查询速度。

(3) 高性能：HBase 通过分布式架构和内存缓存等技术，能够提供快速的数据读/写性能。它支持高效的随机读/写和批量扫描，适用于需要实时访问大数据的应用场景。

(4) 高可靠性：基于 HDFS(Hadoop Distributed File System)存储数据，HBase 继承了 HDFS 的数据冗余和容错机制，确保了数据的安全性和可靠性。同时，HBase 还通过预写日志等方式，进一步增强了数据的持久化和恢复能力。

(5) 可扩展性：HBase 能够轻松地添加或移除节点，从而扩展或缩减集群规模，以适应不断变化的数据量和访问需求。

8.1.2　HBase 数据模型中的相关术语

1. 表(Table)

HBase 表由多行组成。

2. 行(Row)

HBase 中的一行由一个行键(RowKey)和一个或多个具有与之关联的值的列(Column)组成。行存储时，按字母顺序排序。因此，行键的设计非常重要。其目标是以相关行彼此靠近的方式存储数据。例如，要存储的行键模式是网站域，行键是域，就应该反向存储它们(org.apache.www，org.apache.mail，org.apache.jira)。这样，所有 Apache 域都在表中彼此靠近，而不是基于子域的第一个字母展开。

3. 列(Column)

HBase 中的列由列族(Family)和对应的一个列限定符(Column Qualifier)组成，它们之间用冒号 ":" 分隔。

4. 列族(Column Family)

列族通常出于性能考虑，物理地分配一组列及对应的值。每个列族都有一组存储属性，例如是否应将其值缓存在内存中，如何压缩其数据或对其行键进行编码等。表中的每一行都具有相同的列族，但给定的行可能不会在给定的列族中存储任何内容。

5. 列限定符(Column Qualifier)

列限定符被添加到列族中，以便为给定的数据提供索引。例如，给定列族的内容中，一个列限定符内容可能是 html，另一个内容可能是 pdf。虽然列族在创建表时是固定的，但列限定符是可变的，可以在插入数据时临时建立。因此，行之间可能有很大差异。

6. 单元(Cell)

一个单元格由行、列族和列限定符组合而成，同时包含值和时间戳。其中时间戳表示值的版本。

7. 时间戳(Timestamp)

时间戳是与每个值一起写入的，是给定版本的值的标识符。默认情况下，时间戳表示写入数据时数据分片服务器上的时间。但是将数据放入单元格时，也可以自定义指定不同的时间戳值。

8.1.3 概念视图

将 webtable 表中的数据用一个表来表示，如表 8-1 所示。

表 8-1 HBase 表数据概念视图示意表

行　键	时间戳	列　族　内　容	列　族　锚　点
"com.cnn.www"	t9		anchor:cnnsi.com="CNN"
	t8		anchor:my.look.ca="CNN.com"
	t6	contents:html="\<html\>..."	
	t5	contents:html="\<html\>..."	
	t3	contents:html="\<html\>..."	

在表 8-1 中有很多空值的单元格，即该 HBase 表是稀疏存储数据的，所以某些列可以空白。表 8-1 是这种关系的一个逻辑视图。在 HBase 中，从概念层面来讲，HBase 支持一组组稀疏的行组成的表，期望按列族(contents，anchor)物理存储，并且满足可随时将新的列限定符(cssnsi.com、my.look.ca、html 等)添加到现有的列族中。每一个值都对应一个时间戳，每一行行键里的值相同。可以将这样的表想象成一个大的映射关系，通过行键、行键+时间戳或行键+列(列族：列修饰符)定位指定的数据。

通过表 8-1 进一步理解数据模型的相关术语。

(1) 表格：在构建表的架构时，需要预先声明。

(2) 行键：行键是数据行在表中的唯一标识，并作为检索记录的主键。一个表中会有若干个行键，且行键的值不能重复。行键按字典顺序排列，最低的顺序首先出现在表格中。按行键检索一行数据，可以有效地减少查询特定行或指定行范围的时间。在 HBase 中访问表中的行只有 3 种方式：通过单个行键访问；按给定行键的范围访问；进行全表扫描。行键可以由任意字符串(最大长度 64 KB)表示并按照字典顺序进行存储。对于经常一起读取的行，需要对行键的值精心设计，以便它们放在一起存储。

(3) 列：列族和表格一样需要在架构表时被预先声明，列族前缀必须由可打印的字符组成。从物理上讲，所有列家族成员一起存储在文件系统上。Apache HBase 中的列限定符被分组到列族中，不需要在架构时间定义，可以在表启动并运行时动态变换列。例如表 8-1 中 contents 和 anchor 就是列族，而它们对应的列限定符(html、cnnsi.com、my.look.ca) 在插入值时定义插入即可。

(4) 单元：一个{Row，Column，Version}元组精确地指定了 HBase 中的一个单元格。

(5) 时间戳：默认取平台时间，也可自定义时间，是一行中列指定的多个版本值中其中一个值的版本标识。例如，由{com.cnn.www, contents:html}确定 3 个值，这 3 个值可以称作值的 3 个版本，而这 3 个版本分别对应的时间戳的值为 t6、t5、t3。

(6) 值：由 {Row，Column，Version} 确定。例如，值 "CNN" 由 {com.cnn.www, anchor:cnnsi.com,t9}确定。

8.1.4　物理视图

HBase 是按照列存储的稀疏行/列矩阵，物理模型实际上就是把概念模型中的行进行切割，并按照列族存储，这点在进行数据库设计和程序开发的时候必须牢记。

表 8-1 的概念视图在物理存储的时候应该表现的模式如表 8-2 所示。

表 8-2　HBase 表数据物理视图示意表

行　　键	时间戳	列　族　锚　点
"com.cnn.www"	t9	anchor:cnnsi.com="CNN"
	t8	anchor:my.look.ca="CNN.com"
行　　键	时间戳	列　族　内　容
"com.cnn.www"	t6	contents:html="<html>..."
	t5	contents:html="<html>..."
	t3	contents:html="<html>..."

从表 8-2 中可以看出，空值是不被存储的，所以查询时间戳为 t8 的 "contents:html" 将返回 null，同样查询时间戳为 t9，"anchor:my.lock.ca"的项也返回 null。如果没有指明时间戳，那么应该返回指定列的最新数据值，并且最新的值在表格里也是最先找到的，因为它们是按照时间排序的。所以，如果查询 "contents:" 而不指明时间戳，将返回 t6 时刻的数据；查询 "anchor:" 的 "my.look.ca" 而不指明时间戳，将返回 t8 时刻的数据。

这种存储结构还有一个优势，可以随时向表中的任何一个列族添加新列，而不需要事先说明。

总之，HBase 表中最基本的单位是列。一列或多列形成一行，并由唯一的行键来确定存储。反过来，一个表中有若干行，其中每列可能有多个版本，在每一个单元格中存储了不同的值。

所有的行按照行键字典序进行排序存储。一行由若干列组成，若干列又构成一个列族，这不仅有助于构建数据的语义边界或者局部边界，还有助于给它们设置某些特性(如压缩)，或者指示它们存储在内存中。一个列族的所有列存储在同一个底层的存储文件里，这个存储文件叫作 HFile。

列族建议在表创建时就定义好，并且不能修改得太频繁，数量也不能太多。在当前的实践中有少量已知的缺陷，这些缺陷使得列族数量只限于几十，实际情况可能还小得多，且列族名必须由可打印字符组成。

8.1.5　HBase 体系结构

HBase 的服务器体系结构遵从简单的主从服务器架构，它由数据分片服务器(HRegionServer)群和 HBase Master 服务器(HBase MasterServer)构成。其中 HBase Master 服务器相当于集群的管理者，负责管理所有的 HRegionServer，而 HRegionServer 相当于管理者下的众多员工。HBase 中所有的服务器都是通过 Zookeeper 来进行协调，并处理 HBase 服务器运行期间可能遇到的错误。HBase Master Server 本身并不存储 HBase 中的任何数据，HBase 逻辑上的表可能会被划分成多个 HRegion，然后存储到 HRegionServer 群中。HBase Master Server 中存储的是从数据到 HRegionServer 的映射。HBase 体系结构如图 8-1 所示。

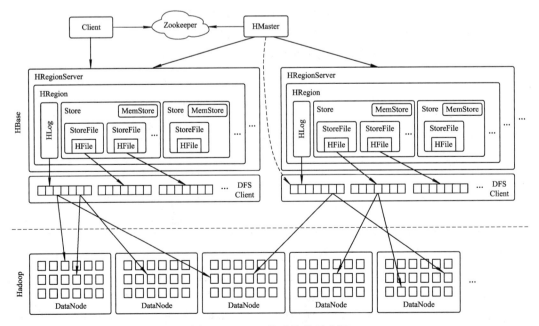

图 8-1　HBase 体系结构示意图

由图 8-1 了解到，HBase 中有 3 个主要组件：客户端(Client)、一台主节点(HMaster)、多台数据分片服务器(HRegionServer)。深入了解 Client、Zookeeper、HMaster、HRegionServer 等组件的功能与职责，是掌握 HBase 原理与应用的基础。

1. Client

Client 包含访问 HBase 的接口，它维护着一些 Cache(比如 HRegion 的位置信息) 以加快对 HBase 的访问。

2. Zookeeper

Zookeeper 保证在任何时候集群中只有一个 HMaster。它存储所有 HRegion 的寻址入口，并实时监控 HRegionServer 的状态，将 HRegionServer 的上线和下线信息实时通知给 HMaster。

3. HMaster

HMaster 为 HRegionServer 分配 HRegion，负责 HRegionServer 的负载均衡。HMaster 会发现失效的服务器并重新分配其上的 HRegion。HDFS 上的垃圾文件回收和 Schema 更新请求的处理也由 HMaster 执行。

4. HRegionServer

HRegionServer 维护 HMaster 分配给它的 HRegion，处理对这些 HRegion 的 I/O 请求。

HRegionServer 负责切分在运行过程中变得过大的 HRegion。HRegionServer 数据存储关系如图 8-2 所示。

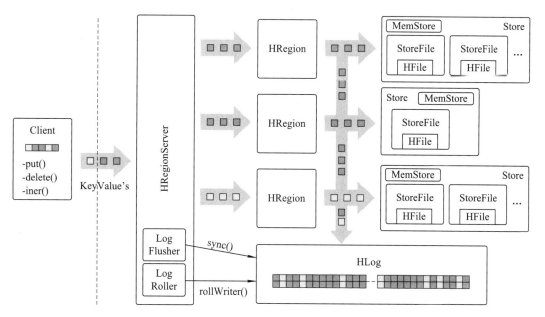

图 8-2　HRegionServer 组件构成示意图

5. HRegion

数据分片(HRegion)是 HBase 中的基本存储单元，负责存储一部分行键对应的数据。如果 HRegion 太大，系统就会把它们动态拆分，如图 8-3 所示。

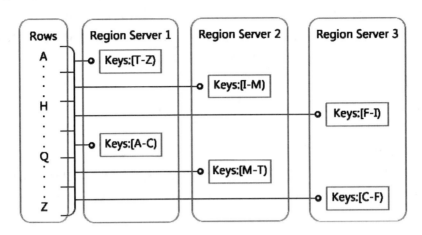

图 8-3　HRegion 拆分过程示意图

一张表初始的时候只有一个 HRegion，用户开始向表中插入数据时，系统会检查这个 HRegion 的大小，确保其不超过配置的最大值。如果超过了限制，系统会在中间键处将这个 HRegion 拆分成两个大致相等的子 HRegion。

6. Store

Store 是 HBase 存储的核心，它由两部分组成，一部分是 MemStore，一部分是 StoreFile。MemStore 是 Sorted Memory Buffer，用户写入的数据首先会放入 MemStore，当 MemStore 满了以后会刷盘成一个 StoreFile(底层实现是 HFile)当 StoreFile 文件数量增长到一定阈值时，会触发合并操作，将多个 StoreFiles 合并成一个。合并过程中会进行版本合并和数据删除，因此可以看出 HBase 其实只有增加数据，所有的更新和删除操作都是在后续的合并过程中进行的。这使得用户的写操作只要进入内存中就可以立即返回，保证了 HBase 组件 I/O 的高性能。当 StoreFiles 合并后，会逐步形成越来越大的 StoreFile，当单个 StoreFile 大小超过一定阈值后，会触发拆分操作，同时把当前 HRegion 拆分成两个 HRegion，父 HRegion 会下线，新拆分出的两个子 HRegion 会被主节点分配到相应的 HRegionServer 上，使得原先 1 个 HRegion 的压力得以分流到两个 HRegion 上。

7. HLog

在理解了上述 Store 的基本原理后，还必须了解一下 HLog(日志) 的功能，因为上述的 Store 在系统正常工作的前提下是没有问题的，但是在分布式系统环境中，无法避免系统出错或者宕机，因此一旦 HRegionServer 意外退出，MemStore 中的内存数据将会丢失，这就需要引入 HLog 了。每个 HRegionServer 中都有一个 HLog 对象，HLog 是一个实现预写日志的类，在每次用户操作写入 MemStore 的同时，也会写一份数据到 HLog 文件中，HLog 文件定期会滚动出新的文件，并删除旧的文件(已持久化到 StoreFile 中的数据)。当 HRegionServer 意外终止后，HMaster 会通过 Zookeeper 感知到，HMaster 首先会处理遗留的 HLog 文件，将其中不同 HRegion 的日志数据进行拆分，分别放到相应 HRegion 的目录下，然后将失效的 HRegion 重新分配，领取这些 HRegion 的服务器在加载 HRegion 的过程中，会发现有历史日志需要处理，因此会恢复日志中的数据到 MemStore 中，最后刷盘到 StoreFiles，完成数据恢复。

8.2   HBase 环境配置

8.2.1   HBase 配置文件

在配置 HBase 环境前，先就 HBase 配置文件进行简要的说明。

1. backup-masters

默认情况下 backup-masters 不存在，它是一个列出所有 Master 进程备份的机器名的纯文本文件，进行文件内容记录时每一行记录一台机器名或 IP。

2. hadoop-metrics2-hbase.properties

hadoop-metrics2-hbase.properties 用于连接 HBase Hadoop 的 Metrics2 框架。

3. hbase-env.cmd 和 hbase-env.sh

hbase-env.cmd 和 hbase-env.sh 用于 Windows 和 Linux/UNIX 环境的脚本来设置 HBase 的工作环境，包括 Java、Java 选项和其他环境变量的位置。该文件中包含了许多注释示例来提供指导。

4. hbase-policy.xml

hbase-policy.xml 是一个 RPC 服务器使用默认策略的配置文件，参见文件配置内容对客户端请求进行授权决策，仅在启用 HBase 安全性时使用。

5. hbase-site.xml

hbase-site.xml 是 HBase 搭建中很重要的配置文件。该文件指定覆盖 HBase 默认配置的配置选项。例如，需要增加 HDFS 的特定配置信息，可以在 docs/ hbase-default.xml 中查看(但不要编辑) 默认配置文件，还可以在 HBase Web UI 的 HBase 配置选项卡中查看群集的整个有效配置(默认和覆盖)。

6. log4j.properties

通过 log4j 进行 HBase 日志记录的配置文件。修改这个文件中的参数可以改变 HBase 的日志级别。改动后 HBase 需要重新启动配置才能生效。

7. regionservers

regionservers 是一个纯文本文件，它包含应该在 HBase 集群中运行的所有 RegionServer 主机列表(默认情况下，这个文件包含单个条目 localhost)。该列表内容包含主机名或 IP 地址列表，每行一个主机名，HBase 的运维脚本会依次访问每一行来启动列表中 RegionServer 的进程。

8.2.2   HBase 独立安装

独立安装是基于本地运行的一种 HBase 运行模式，适合应用于 HBase Shell 及 HBase

API 学习者使用，不适合应用于实际生产中。

独立安装时需要通过操作系统的常规机制来设置变量，但 HBase 提供了一个中心机制文件 conf/hbase-env.sh，可编辑此文件，取消注释以 JAVA_HOME 开头的行，并将其设置为适合操作系统的位置。应将 JAVA_HOME 变量设置为包含可执行文件 bin/java 的目录。此外，也可以通过 conf/hbase-site.xml 的配置指定数据存储位置等信息。下面给出参考案例。

1. JDK 常规配置参考

配置如下：

```
export JAVA_HOME= file:///home/testuser/jdk
export CLASSPATH=.:$CLASSPATH:$JAVA_HOME/lib:$JAVA_HOME/jre/lib
export PATH=$PATH:$JAVA_HOME/bin:$JAVA_HOME/jre/bin
```

2. hbase-env.sh 配置

配置如下：

```
export JAVA_HOME=/home/testuser/jdk
```

3. hbase-site.xml 配置参考

配置如下：

```
<configuration>
    <property>
        <name>hbase.rootdir</name>
        <value>file:///home/testuser/hbase</value>
    </property>
    <property>
        <name>hbase.zookeeper.property.dataDir</name>
        <value>/home/testuser/zookeeper</value>
    </property>
</configuration>
```

注意：在进行 hbase.rootdir 值的配置时，一定要注意用户的权限，最好配置在当前用户的权限范围内。

8.2.3   HBase 伪分布式安装

HBase 伪分布式模式与独立模式一样是在单个主机上运行，伪分布模式下每个 HBase 守护进程(HMaster、HRegionServer 和 Zookeeper)会作为一个单独的进程运行。默认情况下，如果 hbase.rootdir 属性没有专门指定，则数据仍存储在/tmp/中。在本次示例演练中，假设已经拥有可运行的 Hadoop 平台，且 HDFS 可启动运行，那么通过如下的案例配置将数据存储由本地文件系统迁移至 HDFS 中。

在独立安装的基础上，对 hbase-site.xml 配置进行编辑。通过添加以下属性指示 HBase 以分布式模式运行，其中每个守护进程有一个 JVM 实例。配置如下：

```
<property>
    <name>hbase.cluster.distributed</name>
    <value>true</value>
</property>
```

通过使用 hdfs://URI 语法,可以将 hbase.rootdir 从本地文件系统更改为 HDFS 实例的地址。在此例中，HDFS 在端口 8020 的本地主机上运行。配置如下：

```
<property>
    <name>hbase.rootdir</name>
    <value>hdfs://localhost:8020/hbase</value>
</property>
```

注意：在进行 hbase.rootdir 值的配置时，8020 端口一定要与 Hadoop 中 core-site.xml 中 fs.defaultFS 参数值的端口对应。

8.2.4　HBase 启动、停止和监控

为了方便操作，通常会配置 HBase 的环境变量。参考配置如下：

```
set hbase environment
export HBASE_HOME= home/testuser/hbase
export PATH=$PATH:$HBASE_HOME/bin
```

1. HBase 启动

HBase 提供 bin/start-hbase.sh 脚本作为快速启动 HBase 的快捷方式。参考命令如下：

```
bin/start-hbase.sh
```

发出命令，如果一切正常，则会将消息记录到标准输出，以显示 HBase 已成功启动。

2. 查看守护进程

通过 JDK 解压后的 bin 文件夹下有 jps 命令，可以使用 jps 命令来验证是否有一个名为 HMaster 的进程正在运行。在独立模式下，HBase 在单个 JVM(即 HMaster，单个 HRegionServer 和 ZooKeeper 守护进程) 中运行所有守护进程。参考命令如下：

```
jps
```

3. HBase 停止

通过 HBase/bin 下的 stop-hbase.sh 来进行 HBase 进程的停止工作，参考命令如下：

```
bin/stop-hbase.sh
```

8.3　HBase 运维操作

HBase 提供了 Shell 命令行，功能类似于 Oracle、MySQL 等关系库的 SQL Plus 窗口，

用户可以通过命令行模式进行创建表、新增和更新数据，以及删除表的操作。

HBase Shell 是使用 Ruby 的 IRB 实现的命令行脚本，IRB 中可做的事情在 HBase Shell 中也可以完成。HBase 服务启动后，通过以下命令就可以运行 Shell 模式，输入 help 并按回车键能够得到所有 Shell 命令和选项。参考命令如下：

> $ hbase shell
>
> Hbase(main) : 001 : 0>help。

浏览帮助文档可以看到每个具体的命令参数的用法(变量、命令参数)，特别注意怎样引用表名、行键、列名等。由于 HBase Shell 是基于 Ruby 实现的，因此在使用过程中可以将 HBase 命令与 Ruby 代码混合使用。

8.3.1　HBase Shell 启动

在保证 HBase 服务已经启动的情况下，进入 HBase Shell 窗口，参考命令如下：

> $ hbase shell
>
> HBase Shell; enter 'help<RETURN>' for list of supported commands.
>
> Type "exit<RETURN>" to leave the HBase Shell
>
> Version 1.2.5, rd7b05f79dee10e0ada614765bb354b93d615a157, Wed Mar 1 00:34:48 CST 2017

List 命令查看当前 HBase 下的表格，由于还没有建立表，故结果显示如下：

> hbase(main) : 001 : 0>list。
>
> TABLE
>
> 0 row(s) in 0.4800 seconds
>
> 0 row(s)表示目前 HBase 中表的数据为 0，即没有表存在。

8.3.2　HBase Shell 通用命令

在 HBase 中通用命令对于 HBase 情况的了解很有用处，这里列出一些常用的事例，如表 8-3 所示。

表 8-3　HBase Shell 通用命令列表

命令名	命令描述	举例
Status	提供有关系统状态的详细信息，如集群中存在的服务器数量、活动服务器计数和平均负载值	hbase>status hbase> status 'simple'
Version	在命令模式下显示当前使用的 HBase 版本	hbase> version
Table_help	提供不同的 HBase Shell 命令用法及其语法的帮助信息	hbase> table_help
whoami	从 HBase 集群返回当前的 HBase 用户信息	hbase> Whoami

用户通过这些通用命令，可以对 HBase 的版本、集群状态及当前用户组甚至一般命令的帮助信息有所了解，进而正确理解和使用当前版本的 HBase。

8.3.3　HBase Shell 表管理命令

在 HBase Shell 表管理命令中，提供了表的建立、查询、删除以及表结构的更改的命令。这里列出一些常用的命令，具体情况如表 8-4 所示。

表 8-4　HBase Shell 表管理命令列表

命令名	命令描述	举例
create	创建表	hbase> create 'tablename', 'fam1', 'fam2'
list	显示 HBase 中存在或创建的所有表	hbase>list
describe	描述了指定的表的信息	hbase>describe 'tablename'
disable	禁用指定的表	hbase>disable 'tablename'
disable_all	禁用所有匹配给定条件的表	hbase>disable_all<"matching regex"
enable	启用指定的表，如恢复被禁用的表	hbase>enable 'tablename'
show_filters	显示 HBase 中的所有过滤器	hbase>show_filters
drop	删除 HBase 中禁用状态的表	hbase>drop 'tablename'
drop_all	删除所有匹配给定条件且处于禁用的表	Hbase>drop_all<"regex">
is_enabled	验证指定的表是否被启用	hbase>is_enabled 'tablename'
alter	改变列族模式	hbase> alter 'tablename', VERSIONS=>5

8.3.4　HBase Shell 表操作命令

在 HBase Shell 表操作命令中，提供了表内容的建立、查询、删除等操作的命令。这里列出一些常用的命令，具体情况如表 8-5 所示。

表 8-5　HBase Shell 表操作命令列表

命令名	命令描述	举例
count	检索表中行数的计数	hbase> count 'tablename', CACHE =>1000
put	向指定表单元格中插入数据	hbase> put 'tablename','rowname', 'columnvalue', 'value'
get	按行获取指定条件的数据	hbase> get 'tablename','rowname', 'fam1', {COLUMN => 'c1'}
delete	删除定义行或列表中单元格值	hbase> delete 'tablename','row name','column name'
deleteall	删除给定行中的所有单元格	hbase> deleteall 'tablename','rowname'
truncate	截断 Hbase 表	hbase> truncate 'tablename'
scan	按指定范围扫描整个表格内容	hbase>scan 'tablename', {RAW=>true, VERSIONS=> 1000}

8.3.5　HBase Shell 应用示例

通过以上学习，我们对 HBase Shell 命令有了初步的了解。下面通过一些例题来进一步理解 HBase Shell 应用的具体过程。

【例 1】　建立一张表，表名"testable"，并在其中定义一个名为"fam1"的列族。代码如下：

```
hbase(main) : 002 : 0> create 'testtable','fam1'
0 row(s) in 3.3670 seconds
=> Hbase::Table - testtable
```

【例 2】　用 list 命令查询表"testtable"是否建立成功。代码如下：

```
hbase(main) : 002 : 0> list
TABLE
testtable
1 row(s) in 0.0710 seconds
```

【例 3】　表中每一行需要有自己的 RowKey 值，如行键"myrow-l"和行键"myrow-2"分别代表不同的行，把新增数据添加到这两个不同的行中。向已有的表"testtable"中名为 faml 的列族下，添加 col1、col2、col3 三个列，如 faml:coll 、faml:col2 和 faml:col3。每一列中分别插入"value-1""value-2""value-3"的值。代码如下：

```
hbase(main) : 003 : 0> put 'testtable','myrow-1','fam1:col1','value-1'
0 row(s) in 0.4230 seconds
hbase(main) : 004 : 0> put 'testtable','myrow-2','fam1:col2','value-2'
0 row(s) in 0.0320 seconds
hbase(main) : 005 : 0> put 'testtable','myrow-2','fam1:col3','value-3'
0 row(s) in 0.0180 seconds
```

【例 4】　采用 scan 命令，查看表"testable"中的所有数据。代码如下：

```
hbase(main) : 006 : 0> scan 'testtable'
ROW COLUMN+CELL
myrow-1 column=fam1:col1, timestamp=1478750485946, value=value-1
myrow-2 column=fam1:col2, timestamp=1478750530103, value=value-2
myrow-2 column=fam1:col3, timestamp=1478750553210, value=value-3
2 row(s) in 0.1450 seconds
```

timestamp(时间戳)：该例中显示一个名为 timestamp 的时间戳，它记录了对应值如 value-1 插入的时刻，该时刻默认由当前系统时间计算而来。这也是 HBase 集群中需要配置时间同步的原因之一，否则系统在运行时会出现很奇怪的现象。时间戳也可以通过手动来进行设置。

【例 5】　删除表"testable"中行键为"myrow-2"，列为"fam1:col2"的行。代码
如下：

```
hbase(main) : 007 : 0> delete 'testtable','myrow-2','fam1:col2'
```

【例 6】　通过 disable 和 drop 命令删除"testable"表。代码如下：

```
hbase(main) : 008 : 0> disable 'testtable'
hbase(main) : 010 : 0> drop 'testtable'
```

【例 7】　退出 HBase Shell。代码如下：

```
hbase(main) : 011 : 0> exit
```

8.4　任务实战

在 HBase 中进行数据表的创建和删除操作，同时完成对表中数据的添加、修改、查询
和删除等任务。

8.4.1　创建表

创建表 order 的代码如下：

```
create 'order','user','item'
```

创建数据表如图 8-4 所示。

```
hbase(main):001:0> create 'order','user','item'
0 row(s) in 1.4780 seconds

=> Hbase::Table - order
```

图 8-4　创建数据表

8.4.2　表的增删改查操作

通过以下内容来说对表的增删改查操作。

(1) 使用 list 命令查询 hbase 中所有的表，具体如图 8-5 所示。

```
hbase(main):002:0> list
TABLE
order
1 row(s) in 0.0390 seconds

=> ["order"]
```

图 8-5　查询数据库中的表

(2) 向表 order 中添加数据的代码如下：

```
put 'order','20250112','user:name','zhangsan'
```

```
put 'order','20250112','user:age','22'
put 'order','20250112','item:name','huawei'
put 'order','20250112','item:num','2'
```

向表中插入数据如图 8-6 所示。

```
hbase(main):003:0> put 'order','20250112','user:name','zhangsan'
0 row(s) in 0.2140 seconds

hbase(main):004:0> put 'order','20250112','user:age','22'
0 row(s) in 0.0220 seconds

hbase(main):005:0> put 'order','20250112','item:name','huawei'
0 row(s) in 0.0180 seconds

hbase(main):006:0> put 'order','20250112','item:num','2'
0 row(s) in 0.0290 seconds
```

图 8-6　向表中插入数据

(3) 查询表 order 中数据的代码如下：

```
scan 'order'
```

查询表中数据如图 8-7 所示。

```
hbase(main):007:0> scan 'order'
ROW                COLUMN+CELL
 20250112          column=item:name, timestamp=1742366464890, valu
                   e=huawei
 20250112          column=item:num, timestamp=1742366476692, value
                   =2
 20250112          column=user:age, timestamp=1742366453210, value
                   =22
 20250112          column=user:name, timestamp=1742366439052, valu
                   e=zhangsan
1 row(s) in 0.0340 seconds
```

图 8-7　查询表中数据

(4) 更新表 order 中用户的姓名为"Tom"，代码如下：

```
put 'order','20250112','user:name','Tom'
```

更新表中数据内容如图 8-8 所示。

```
hbase(main):008:0> put 'order','20250112','user:name','Tom'
0 row(s) in 0.0230 seconds

hbase(main):009:0> scan 'order'
ROW                COLUMN+CELL
 20250112          column=item:name, timestamp=1742366464890, valu
                   e=huawei
 20250112          column=item:num, timestamp=1742366476692, value
                   =2
 20250112          column=user:age, timestamp=1742366453210, value
                   =22
 20250112          column=user:name, timestamp=1742366505798, valu
                   e=Tom
1 row(s) in 0.0220 seconds
```

图 8-8　更新表中数据内容

(5) 删除表 order 中用户的姓名列，代码如下：

```
delete 'order','20250112','user:name'
```

删除表中数据内容如图 8-9 所示。

```
hbase(main):010:0> delete 'order','20250112','user:name'
0 row(s) in 0.0490 seconds

hbase(main):011:0> scan 'order'
ROW                 COLUMN+CELL
 20250112           column=item:name, timestamp=1742366464890, valu
                    e=huawei
 20250112           column=item:num, timestamp=1742366476692, value
                    =2
 20250112           column=user:age, timestamp=1742366453210, value
                    =22
1 row(s) in 0.0210 seconds
```

图 8-9　删除表中数据内容

8.4.3　删除数据表

删除表 order 的代码如下：

```
disable 'order'
drop 'order'
```

删除数据表如图 8-10 所示。

```
hbase(main):012:0> disable 'order'
0 row(s) in 2.2990 seconds

hbase(main):013:0> drop 'order'
0 row(s) in 1.2930 seconds
```

图 8-10　删除数据表

【学习产出】

学习产出考核评价表如表 8-6 所示。

表 8-6　学习产出考核评价表

评价要素	评价标准	评价方式		分值	得分
		小组评价	教师评价		
职业素养	1. 在学习和实践过程中，始终保持专注和认真，对每一个任务环节都严谨对待，积极解决遇到的问题。 2. 在涉及团队合作的项目中，能否积极与他人沟通交流，共同完成 HBase 的配置和数据运维任务			20	

评价要素	评价标准	评价方式		分值	得分
		小组评价	教师评价		
专业能力	1. 对 HBase 数据模型的组成及相关术语的理解准确、深入，能清晰地阐述 HBase 的体系结构以及各组件的作用和功能。 2. 熟练配置 HBase 环境，在数据运维过程中，能够准确地进行数据的插入、查询、删除等操作，并且能够处理常见的问题。 3. 当遇到 HBase 配置或数据运维问题时，能否迅速分析问题并找到有效的解决方案			70	
创新能力	1. 能对现有的 HBase 配置和数据运维方法提出创新性的改进建议，提高工作效率和数据管理质量。 2. 探索 HBase 与其他技术的结合应用，拓展其在大数据领域的应用场景			10	
总分					
教师评语					

项目 9

Hive 组件运维

项目介绍

在电商零售行业蓬勃发展的浪潮中，数据的有效管理与利用成为企业制胜的关键因素之一。Hive 组件运维可以为电商零售企业的数据处理提供坚实保障。

电商零售企业每天都会产生海量的数据，包括用户的浏览记录、购物车行为、订单详情、商品评价等。这些数据分散且结构多样，如何高效整合并挖掘其中的价值成为挑战。Hive 组件凭借其强大的数据仓库功能，能够将这些复杂的数据进行结构化处理。

在本项目中，Hive 组件数据运维着重于 Hive 的数据操作方法，通过对 Hive 库、Hive 表以及 Hive 中的数据进行增删改查、导入等操作提高数据处理速度。运维人员通过密切监控 Hive 的运行状态，及时发现并解决节点故障、网络延迟等问题，保障数据仓库的高可用性。

学习目标

- 知识：理解 Hive 的架构，掌握 Hive 配置方法。
- 技能：高效、正确地使用 Hive，能够使用 Hive 进行数据运维。
- 态度：培养认真严谨的工作态度。

项目要点

Hive 数据类型，Hive 分布式部署，Hive 库操作，Hive 表操作，Hive 数据操作。
【建议学时】8 学时。

前置任务

1. 熟悉 SQL 语言。
2. 能够独立进行 MySQL 的安装与启动。

9.1 Hive 组件概述

9.1.1　Hive 架构

Hive 是基于 Hadoop 的一个数据仓库工具，用来进行数据提取、转化、加载，是一种可以存储、查询和分析存储在 Hadoop 中的大规模数据的机制。Hive 数据仓库能将结构化的数据文件映射为一张数据库表，并提供 SQL 查询功能，能将 SQL 语句转变成 MapReduce 任务来执行。Hive 的优点是学习成本低，可以通过类似 SQL 语句实现快速 MapReduce 统计，使 MapReduce 变得更加简单，而不必开发专门的 MapReduce 应用程序。Hive 十分适合对数据仓库进行统计分析。

Hadoop 和 MapReduce 是 Hive 架构的根基。Hive 架构包括 CLI(Command Line Interface)、JDBC/ODBC、Thrift Server、Web GUI、Metastore 和 Driver(Compiler、Optimizer 和 Executor) 等组件，如图 9-1 所示。这些组件可以分为两大类：服务端组件和客户端组件。

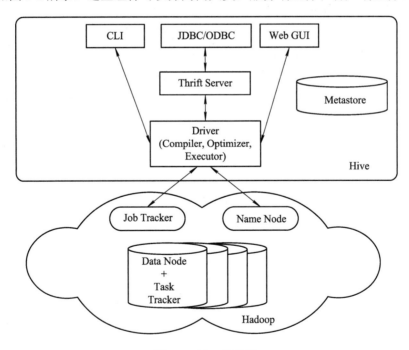

图 9-1　Hive 架构图

1. 服务端组件

1) Driver 组件

Driver 组件包括 Complier、Optimizer 和 Executor，它的作用是将 HiveQL(类 SQL) 语句进行解析、编译优化，生成执行计划，然后调用底层的 MapReduce 计算框架。

2) Metastore 组件

Metastore 是元数据服务组件，这个组件存储 Hive 的元数据，Hive 的元数据存储在关系数据库里，Hive 支持的关系数据库有 Derby 和 MySQL。元数据对于 Hive 十分重要，因此 Hive 支持把 Metastore 服务独立出来，安装到远程的服务器集群里，从而解耦 Hive 服务和 Metastore 服务，保证 Hive 运行的健壮性。

3) Thrift 服务

Thrift 是 Facebook 开发的一个软件框架，它用来进行可扩展且跨语言的服务开发，Hive 集成了该服务，能让不同的编程语言调用 Hive 的接口。

2. 客户端组件

1) CLI

CLI 即 Command Line Interface，是命令行接口。

2) Thrift 客户端

图 9-1 所示的架构图中没有给出 Thrift 客户端，但是 Hive 架构的许多客户端接口是建立在 Thrift 客户端之上的，包括 JDBC 和 ODBC 接口。

3) Web GUI

Hive 客户端提供了一种通过网页的方式访问 Hive 所提供的服务。这个接口对应 Hive 的 hwi 组件(hive web interface)使用前要启动 hwi 服务。

9.1.2　Hive 数据类型

Hive 支持传统关系型数据库的大多数数据类型。Hive 的数据类型如表 9-1 所示。

表 9-1　Hive 的数据类型

类　型	符　号	大小/bit	备注信息
整型	TINYINT	1	有符号
	SMALLINT	2	有符号
	INT	4	有符号
	BIGINT	8	有符号
浮点型	FLOAT	4	有符号、单精度
	DOUBLE	8	有符号、双精度
字符串	STRING	—	—
	VARCHAR	—	[1,65535]
	CHAR	—	[1,255]
布尔型	BOOLEAN	—	TRUE/FALSE
时间类型	TIMESTAMP	—	yyyy-mm-dd hh:mm:ss
	DATE	—	YYYYMMDD

除了常用的数据类型，Hive 还支持以下类型：

① ARRAY(数组)：要求所有的存储数据类型相同。

② MAP(键值对)：类似于字典类型，通过键值访问 MAP 数据。

③ STRUCT(结构体)：类似于 C 语言中的结构体，是封装不同数据类型的集合。

9.2　分布式部署 Hive

9.2.1　部署 Hadoop 分布式环境

部署 Hadoop 分布式环境的步骤如下：

(1) 采用 Hadoop2.7.1 部署 3 台大数据处理平台环境。

(2) 解压安装文件。

使用 tar 命令解压安装包到指定目录并重命名：

```
[root@ master ~]# cd / opt/ software/

[root@ master software]# tar-zxvf apache-hive-2.0.0-bin.tar.gz -C/ usr/ local/ src/

[root@ master software]# cd / usr/ local/ src

[root@ master src]# mv /usr/local/src/ apache-hive-2.0.0-bin/usr/ local/src/ hive

[root@ master src]# chown -R hadoop: hadoop hive
```

编辑 /etc/profile 文件：

```
[root@ master src]# cd

[root@ master ~]# vi / etc/ profile
```

将以下配置信息添加到/etc/profile 文件的末尾：

```
# set Hive environmentexport

export HIVE_HOME=/ usr/ local/src/ hive

export PATH=$HIVE_HOME/ bin:$PATH

export HIVE_CONF_DIR=$HIVE_HOME/conf
```

执行 source/etc/profile 命令，使配置的环境变量在系统全局范围内生效：

```
[root@ master ~]# source /etc/ profile
```

以上命令只需在 Hive 安装的节点上操作。

9.2.2　MySQL 的安装与启动

在最新的 CentOS 系统中，内置数据库由 MySQL 更换成了 MariaDB。由于两者冲突，所以在安装 MySQL 前需要提前卸载 MariaDB。具体如下：

(1) 卸载 MariaDB。

先查看 MariaDB 版本，然后卸载：

```
[root@ master ~]# rpm -qa | grep mariadb mariadb-libs-5.5.56-2.e17.x86_64
```

```
[root@master~]#rpm-e --nodeps mariadb-libs-5.5.56-2.e17.x86_64
```

rpm 为 Linux 用于管理套件的命令，包含如下参数：

- rpm-qa：列出所有已安装的软件包。
- rpm-e packagename：删除软件包。
- rpm-e --nodeps packagename：强制删除软件包和依赖包。
- rpm-q packagename：查询软件包是否已安装。
- rpm-ivh packagename：安装软件包。

(2) 使用 rpm 安装 MySQL，安装的顺序如下：

```
[root@ master ~]# cd / opt/ software/ mysql-5.7.18
[root@ mastermysq1-5.7.18]# rpm-ivhmysql-community-common-5.7.18-1. e17.x86_64.rpm
[root@ master mysql-5.7.18]# rpm-ivh mysql-community-libs-5.7.18-1.e17.x86_64.rpm
[root@ master mysql-5.7.18]# rpm -ivh mysql-community-client-5.7.18-1. e17. x86_64.rpm
[root@ master mysql-5.7.18]# rpm -ivh mysql-community-server-5.7.18-1. e17. x86_64.rpm
```

安装完毕后可通过 rpm 命令检查 MySQL 的安装情况，并打开/etc/my.cnf 文件，在其中增加以下配置信息：

```
[root@ master mysql-5.7.18]# rpm-qa|gre p mysql
[root@ master mysql-5.7.18]# vi / etc/ my.cnf
default-storage-engine= innodb innodb_file_per_table
collation-server=utf8 general ci
init-connect='SET NAMES utf8'
character-set-server=utf8
```

启动 MySQL 服务并查看其状态：

```
[root@ master mysql-5.7.18]# systemctl start mysqld
[root@ master mysql-5.7.18]# systemctl status mysqld
```

初始化后，MySQL 会在/ var/ log/ mysqld.log 中生成默认密码，可通过以下命令查看临时密码并进行修改：

```
[root@ master mysq1-5.7.18]# cat / var/ log/ mysqld.log | grep password
```

得到 MySQL 的初始密码为 GgH;.<sjW5U。使用 mysql_secure_installation 命令进行初始化：

```
[root@ master mysql-5.7.18]# mysql_secure_installation
```

在重新设定密码和相关配置时，统一使用 Password2025 作为密码。在设置配置项的过程中，需要将允许远程连接设定为 n，表示允许远程连接，并将其他设定为 y。

设置完毕后启动数据库：

```
[root@ master mysql-5.7.18]# mysql -uroot -p Password2025
```

(3) 新建 Hive 用户与元数据。

在 MySQL 中新建名称为 hive_db 的数据库，用来存储 Hive 元数据。新建 Hive 用户，密码为 Password2025，赋予所有权限：

```
mysql>create database hive_db;
mysql>create user hive identified by 'Password2025';
mysql>grant all privileges on *.* to hive@'%' identified by 'Password2025'with grant option ;
```

mysql>grant all privileges on*.* to ' root'@'%' identified by 'Password2025$'with grant option;

mysql>flush privileges;

在上述代码中：create database hive_db 为新建 hive_db 数据库并以此作为 Hive 的元数据存储地址；create user hive identified by 'Password2025' 为创建 Hive 访问用户，用户名为 hive，密码为 Password2025；grant all privileges on *.* to hive@"%' identified by 'Password2025' with grant option 为赋予 Hive 用户在集群内任何节点上都对 MySQL 具有所有操作权限；flush privileges 为刷新 MySQL 的系统权限相关表。

9.2.3 配置 Hive 参数

配置 Hive 参数的步骤如下：

(1) 配置 hive-site. xml 文件。复制源文件 hive-default.xml.template 并修改为 hive-site. xml，修改对应的参数值：

```
[root@ master ~]# su - hadoop
[Hadoop@ master ~]$ cp / usr/ local/ src/ hive/ conf/ hive-default.xml.template/ usr/ local/ src/ hive/ conf/ hive-site. xml
[Hadoop@ master ~]$ vi / usr/ local/ src/ hive/ conf/ hive-site.xml
< configuration>
< property>
<name>javax.jdo.option. ConnectionURL</name>
<value>jdbc: mysql:// master:3306/ hive db? createDatabaseIfNotExist= true</value >
</ property >
<!-- mysql 用户名 - ->
< property >
< name > javax . jdo . option . ConnectionUserName </ name >
< value > hive </ value >
</ property >
<!-- mysql 中 hive 用户密码 - ->
< property >
< name > javax . jdo . option . ConnectionPassword </ name >
< value >Password2025</ value >
</ property >
<!-- mysql 驱动 - ->
< property >
< name > javax . jdo . option . ConnectionDriverName </ name >
< value > com . mysql . jdbc . Driver </ value >
</ property >
< property >
< name > hive . downloaded . resources . dir </ name >
```

```
< value >/ usr / local / src / hive / tmp </ value >
</ property >
< property >
< name > hive . exec . local . scratchdir </ name >
< value >/ usr / local / src / hive / tmp /${ hive . session . id ) resources </ value >
</ property >
< property >
< name > hive . querylog . location </ name >
< value >/ usr / local / src / hive / tmp </ value >
</ property >
< property >
< name > hive .server2.logging. operation . log . locations / name >
< value >/ usr / local / src / hive / tmp / operation logs </ value >
</ property >
< property >
< name > hive .server2.webui. host </ name >
< value > master </ value >
</ property >
< property >
< name > hive .server2.webui. port </ name >
< value >10002</ value >
</ property >
</ configuration >
```

在上述代码中：javax.jdo.option.ConnectionURL 为默认为自带数据库，要修改为以 MySQL 作为元数据的库；javax.jdo.option.ConnectionUserName 为连接 MySQL 的 Hive 用户；javax.jdo.option.ConnectionPassword 为连接 MySQL 的 Hive 用户密码；javax.jdo.option. ConnectionDriverNam 为配置数据库连接驱动；hive.downloaded.resources.dir 为远程资源下载的临时目录；hive.server2.webui.host 为 HiveServer2 的 Web GUI 页面访问地址；hive.server2.webui.port 为 HiveServer2 的 Web GUI 页面访问端口。

另外，Hive 的默认配置文件为 hive-default.xml.template，若用户没有对相关配置参数进行修改，那么 Hive 将读取默认配置文件参数进行启动：

```
[Hadoop@ master ~]$ hadoop fs -mkdir -p / user/ hive/ warehouse
[Hadoop@ master ~]$ hadoop fs -chmod g+w / user/ hive/ warehouse
[Hadoop@ master ~]$ mkdir /usr/ local/ src/ hive/ tmp
```

(2) 配置 hive-env. sh 文件。在此处设置 Hive 和 Hadoop 的环境变量：

```
[Hadoop@ master ~lcd/ usr/ local/ src/ hive/ conf/
[Hadoop@ master ~]$ cp hive-env.sh.template hive-env.sh
[Hadoop@ master ~]$ vi / usr/ local/ src/ hive/ conf/ hive-env.sh
export JAVA_HOME=/ usr/ local/ src/ java
```

```
export HADOOP_HOME=/ usr/ local/ src/ hadoop
export HIVE_CONF_DIR=/ usr/ local/ src/ hive/ conf
export HIVE_AUX_JARS_PATH=/ usr/ local/ src/ hive/ lib
[Hadoop@ master ~]$ cp / opt/ software/ mysql-connector-java-5.1.46.jar/ usr/ local/ src/ hive/ lib/
[Hadoop@ master ~]$ schematool -initSchema - dbType mysql
```

（3）退出保存。此时需要将 Hive 连接 MySQL 的驱动器文件上传至 Hive 的 lib 文件夹下。当显示 schemaTool completed 时，表示初始化成功，即表明 Hive 与 MySQL 建立了连接。启动完毕后查看 MySQL 下的 hive_db 数据库，发现多出了许多个新表。

（4）启动 Hive。在 Hadoop 集群和 MySQL 处于运行状态时，在命令框中输入 hive：

```
[Hadoop@ master ~] $hive
```

创建新表并验证 MySQL：

```
hive>show databases;
hive> create database hive_test_db;
hive> use hive_test_db;
hive> create table t_user(id int, name string);
hive> show tables;
```

打开 MySQL 数据库，查看配置过的 hive_db 数据库，此时需要注意 Hive 创建的表统一都在 hive_db 数据库的 TBLS 表中。当创建表存在时，表明基于 MySQL 存储元数据的 Hive 组件已搭建完毕：

```
mysql> use hive db;
mysql>select * from TBLS;
```

9.3　Hive 库操作

在 Hive 中创建 school 数据库。使用 if not exists 参数判断是否需要重复创建：

```
[Hadoop@master~]$hive
hive > create database school;
hive > create database if not exists school;
hive > use school;
```

修改数据库并显示数据库的详细信息，使用参数 extended 查看数据库的详细信息：

```
hive> alter database school set dbproperties('creater'='TD');
hive> desc database extended schools;
```

使用 alter 命令修改库信息，添加自定义属性，创建者为 TD：

```
hive> alter database school set offer user root;
hive> desc database extended school;
```

删除数据库并显示全部数据库：

```
hive> drop database school;
hive> show databases;
```

9.4　Hive 表操作

9.4.1　创建表

在 school 数据库中建立 teacher 表，包含教师工号、姓名、学科类别和授课年级 4 个字段。创建之前需要使用 use 命令切换操作数据库：

```
hive> create database school;
hive> use school;
hive> create table teacher(
    > num int,
    > name string,
    > email map< string, int>,
    > class array< string>);
```

Hive 默认创建的表称为管理表或内部表。表的数据由 Hive 进行统一管理，默认存储于数据仓库目录中，可通过 Hive 的配置文件 hive-site. xml 对其进行修改。

除了默认的内部表，Hive 还可以使用关键词 External 创建外部表。外部表的数据存储在数据仓库以外的位置。

9.4.2　查看与修改表

可通过以下命令对表进行查看与修改：

```
hive> show tables;
hive> desc teacher;
hive> desc formatted teacher;
```

也可以复制一个已经存在的表：

```
hive> create table teacher2 like teacher;
```

使用 alter 命令修改表名：

```
hive> alter table teacher rename to new teacher;
```

alter 命令也可以修改表的列名、数据类型、列注释和列所在的位置。下面的语句将列名 num 修改为 number，将数据类型更改为 string 并添加注释，最后将这一列放在 name 后面：

```
hive> alter table new teacher change num number string comment ' the num of teacher, change datatype to string ' after name;
```

增加/更新列：add columns 允许用户在当前列的末尾前添加新的列。replace columns 允许用户更新列，更新的过程是先删除当前的列，然后加入新的列。增加列的命令如下：

```
hive> alter table new teacher add columns(age int);
```

9.4.3 删除表和退出 Hive

删除表：

```
hive>drop table teacher2;
```

清空表数据：

```
hive>truncate table new_teacher;
```

退出 Hive：

```
hive>exit;
```

9.5　Hive 数据导入

9.5.1 数据导入

数据导入分为单条插入和批量导入两种。

1. 单条插入

新建学生表，包含学号、姓名、班级、身高、体重、成绩等字段。插入单条数据进行测试。插入复杂类型数据需要使用 select 命令转储。查询语句与 MySQL 语句一致，示例如下：

```
hive > create table student (
    > num int ,
    > name string ,
    > class string ,
    > body map < string , int >,
    > exam array < string >)
    > row format delimited
    > fields terminated by '|'
    > collection items terminated by ','
    > map keys terminated by ':'
    > lines terminated by '\ n ';
hive > create table lib (
    > num int ,
    > book string )
    > row format delimited
```

```
  > fields terminated by ' | '
  > collection items terminated by ','
  > map keys terminated by ':'
  > lines terminated by '\ n ';
hive > create table price (
  > book string ,
  > price int )
  > row format delimited
  > fields terminated by ' | '
  > collection items terminated by ','
  > map keys terminated by ':'
  > lines terminated by '\ n ';
hive >insert into student ( num , name , class , body , exam ) select 20240101,' zhangsan',' grade 1',
    map (' height ',180,' weight ',70), array ('80','90');
```

2. 批量导入

当海量数据需要导入时，通常采用 load 命令。示例如下：

```
hive> load data local inpath'/ opt/ software/ student.txt' into table student;
hive> select.from student;
```

9.5.2　查询

1. HiveQL 查询

HiveQL 对表的查询的规则类似于传统 SQL，具体语法规则如下：

```
SELECT [ALL | DISTINCT] select_expr, select_expr, ...
    FROM table_reference
    [WHERE where_condition]
    [GROUP BY col_list]
    [ORDER BY col_list]
    [CLUSTER BY col_list| [DISTRIBUTE BY col_list] [SORT BY col_list]
    ]
    [LIMIT [offset,] rows]
```

SELECT 语句既可以是整个查询语句的一部分，也可以是另一查询中子查询的一部分。语法规则"[]"中的内容为可选项，其他内容是 SELECT 语句中必须具备的内容。

上述规则中：

(1)　SELECT 关键字是选择指令，指定要查询的具体选择表达式 select_expr。

(2)　select_expr 指定 SELECT 语句中要查询的表或视图中的列属性名。注意：Hive 中，表名和列名是大小写不敏感的。

(3)　WHERE 指明 SELECT 语句中的筛选条件。

（4）GROUP BY 指明 SELECT 语句查询内容按 col_list 分组，其中 col_list 表示一列或多列的列名的列表。经常与聚合函数一起使用。

（5）ORDER BY 指明 SELECT 语句查询内容按 col_list 做全局排序，因此只有一个 Reducer。数据量大时，会导致当输入规模较大时，需要较长的计算时间。

（6）CLUSTER BY col_list 指明 SELECT 语句按 col_list 在 Hadoop 集群中分发数据，确保类似的数据可以分发到同一个归约任务中，而且保证数据是有序的。CLUSTER BY word 等价于 DISTRIBUTE BY word SORT BY word ASC。

（7）DISTRIBUTE BY col_list 根据指定的 col_list 字段列表，将数据分到不同的 Reducer 中，且分发算法是哈希散列，常和 SORT BY 排序一起使用。

（8）SORT BY col_list 指明 SELECT 语句查询内容按 col_list 局部排序。在数据进入 Reducer 前完成排序。如果设置任务数大于 1，通过 mapred.reduce.tasks 属性设置，则 SORT BY 只保证每个 Reducer 的输出有序，不保证全局有序。一般 SORT BY 不单独使用。设置的任务数量实际是为了依次按哈希散列出的文件个数，因为哈希散列是通过哈希值与 Reducer 个数取模决定数据存储在哪个文件中的。具体计算公式如下：

$$(key.hashCode() \& Integer.MAX\_VALUE) \% numReduceTasks \qquad (9\text{-}1)$$

其中，key 和 value 为 map 输出的<key,value>，numReduceTasks 取自归约阶段的任务数。

2. SELECT-FROM 语句

SELECT 是 SQL 中的射影算子。FROM 子句标识了从哪个表、视图或嵌套查询中选择记录。对于一个给定的记录，SELECT 指定了要保存的列以及输出函数需要调用的一个或多个列，列与列之间支持做相应的算术计算。下面给出有关 SELECT 操作的相关示例。

1）查询表中指定字段的数据

结合 SELECT 查询基本语法规则，先来看一个最基本的查询，即去掉语法规则中所有"[ ]"中的内容，即最简的 SELECT 语法格式，具体格式如下：

```
SELECT * FROM tablename    #查询表 tablename 中所有的数据
```

例如：

```
hive> SELECT uname,salary FROM userinfo;
OK
Smith    3900.0
Fred     4500.0
July     6000.0
John     10000.0
Mary     8000.0
Jones    7000.0
Bill     6000.0
Time taken: 2.369 seconds, Fetched: 7 row(s)
hive> SELECT * FROM userinfo;
OK
```

2) 给表起别名

Hive 支持给表起别名，用"别名"+"."+"列名"的格式对表进行查询，尤其在对多表处理时，特别管用。仍然查询上例的内容，给表起别名为"u"，具体如下：

```
hive> SELECT u.uname,u.salary FROM userinfo u;
OK
Smith     3900.0
Fred      4500.0
July      6000.0
John      10000.0
Mary      8000.0
Jones     7000.0
Bill      6000.0
Time taken: 0.245 seconds, Fetched: 7 row(s)
```

3) 使用 LIMIT 查询

通过"LIMIT"+"n"语句，查询 userinfo 表中前 3 名的用户名及用户住址，具体如下：

```
hive> SELECT uname,address FROM userinfo LIMIT 3;
OK
Smith     {"street":"HeiLongJiang","city":"DaQing","state":"IL","zip":150000}
Fred      {"street":"HeiLongJiang","city":"YiChun","state":"IL","zip":150000}
July      {"street":"HeiLongJiang","city":"ACheng","state":"IL","zip":150000}
Time taken: 0.232 seconds, Fetched: 3 row(s)
```

3. WHERE 语句

SELECT 语句用于选取字段，WHERE 语句用于过滤条件，两者结合使用可以查找到符合过滤条件的记录。

1) 指定分区数据查询

查询表 userinfo 中 China 分区下的用户名和住址，具体如下：

```
hive> SELECT uname,address,country FROM userinfo WHERE country='China';
OK
John     {"street":"HeiLongJiang","city":"Harbin","state":"IL","zip":150000}      China
Mary     {"street":"HeiLongJiang","city":"Harbin","state":"IL","zip":150000}      China
Jones    {"street":"BeiJing","city":"HaiDian","state":"IL","zip":100000}          China
Bill     {"street":"BeiJing","city":"WangFuJing","state":"IL","zip":100000}       China
Time taken: 0.312 seconds, Fetched: 4 row(s)
```

2) LIKE 查询

LIKE 和 RLIKE 是标准的 SQL 操作符，它可以通过字符串的开头或结尾以及指定特定的子字符串或当子字符串出现在字符串内的任何位置时进行匹配。查询 userinfo 表中地址 address 中所有城市 city 中含有"Har"字样的信息，具体如下：

```
hive> SELECT uname,address FROM userinfo WHERE address.city LIKE '%Har%';
```

OK

John　　　{"street":"HeiLongJiang","city":"Harbin","state":"IL","zip":150000}

Mary　　　{"street":"HeiLongJiang","city":"Harbin","state":"IL","zip":150000}

Time taken: 0.279 seconds, Fetched: 2 row(s)

LIKE 是标准的 SQL 操作符，它可以查询指定字段值开头或结尾模糊匹配的值。

3）RLIKE 查询

RLIKE 子句是 Hive 中模糊查询的一个扩展功能，可以通过 Java 的正则表达式来指定匹配条件进行查询。查询 userinfo 表中地址 address 中所有城市 city 是 DaQing 或 YiChun 的信息，具体如下：

hive> SELECT uname,address FROM userinfo WHERE address.city RLIKE 'DaQing|YiChun';

OK

Smith　　　{"street":"HeiLongJiang","city":"DaQing","state":"IL","zip":150000}

Fred　　　{"street":"HeiLongJiang","city":"YiChun","state":"IL","zip":150000}

Time taken: 0.231 seconds, Fetched: 2 row(s)

此例子中，RLIKE 后面的字符"|"表示或的关系。

9.6　任务实战

9.6.1　Hive 导入数据

Hive 导入数据的步骤如下：

(1) 使用 create 命令创建外部表 userinfo，如图 9-2 所示。

```
hive> CREATE EXTERNAL TABLE userinfo(
    > uname STRING,
    > salary FLOAT,
    > familyMembers ARRAY<STRING>,
    > deductions MAP<STRING,FLOAT>,
    > address STRUCT<street:STRING,city:STRING,state:STRING,zip:I
NT>)
    > row format delimited
    > fields terminated by '\001'
    > collection items terminated by '\002'
    > MAP KEYS terminated by '\003'
    > LINES terminated by '\n'
    > stored as textfile;
OK
Time taken: 0.341 seconds
```

图 9-2　创建外部表

(2) 使用 show tables 命令查看当前数据库中已存在的表，可以看到 userinfo 表已经创建成功，如图 9-3 所示。

```
hive> show tables;
OK
userinfo
Time taken: 0.021 seconds, Fetched: 1 row(s)
```

图 9-3　查看数据表

(3) 查询表结构如图 9-4 所示。

```
hive> desc userinfo;
OK
uname                    string

salary                   float

familymembers            array<string>

deductions               map<string,float>

address                  struct<street:string,city:string,state:st
ring,zip:int>
Time taken: 0.073 seconds, Fetched: 5 row(s)
```

图 9-4　查询表结构

(4) 复制表结构并创建新表，如图 9-5 所示。

```
hive> CREATE TABLE IF NOT EXISTS copy_userinfo1 LIKE userinfo;
OK
Time taken: 0.112 seconds
hive> show tables;
OK
copy_userinfo1
userinfo
Time taken: 0.018 seconds, Fetched: 2 row(s)
hive> desc copy_userinfo1;
OK
uname                    string

salary                   float

familymembers            array<string>

deductions               map<string,float>

address                  struct<street:string,city:string,state:st
ring,zip:int>
Time taken: 0.041 seconds, Fetched: 5 row(s)
```

图 9-5　复制表结构并创建新表

(5) 复制指定表字段结构及数据并创建表，如图 9-6 所示。

```
hive> show tables;
OK
copy_userinfo1
copy_userinfo2
userinfo
Time taken: 0.02 seconds, Fetched: 3 row(s)
hive> desc copy_userinfo2;
OK
uname                    string

salary                   float

Time taken: 0.034 seconds, Fetched: 2 row(s)
```

图 9-6　复制指定表字段结构及数据并创建表

(6) 将本地数据导入表中。

查看 Hive 中新建立的表在 HDFS 上的目录结构，如图 9-7 所示。

```
hive> dfs -lsr /data;
lsr: DEPRECATED: Please use 'ls -R' instead.
drwxr-xr-x   - root supergroup        0 2025-03-21 08:16 /data/
hive
drwxr-xr-x   - root supergroup        0 2025-03-21 08:28 /data/
hive/warehouse
drwxr-xr-x   - root supergroup        0 2025-03-21 08:26 /data/
hive/warehouse/copy_userinfo1
drwxr-xr-x   - root supergroup        0 2025-03-21 08:27 /data/
hive/warehouse/copy_userinfo2
drwxr-xr-x   - root supergroup        0 2025-03-21 08:16 /data/
hive/warehouse/userinfo
```

图 9-7   查看新表在 HDFS 上的目录结构

数据加载到当前数据库下的 userinfo 表中，如图 9-8 所示。

```
hive> select * from userinfo;
OK
Time taken: 0.151 seconds
hive> load data local inpath '/root/experiment/datas/hive/userinf
o.txt' into table userinfo;
Loading data to table default.userinfo
OK
Time taken: 0.271 seconds
hive> dfs -lsr /data/hive/warehouse/userinfo;
lsr: DEPRECATED: Please use 'ls -R' instead.
-rwxr-xr-x   1 root supergroup      595 2025-03-21 08:30 /data/
hive/warehouse/userinfo/userinfo.txt
hive> select * from userinfo;
OK
```

图 9-8   在当前数据库下查看数据表

把数据从本地导入到表文件夹所在的 HDFS 指定位置，如图 9-9 所示。

```
hive> dfs -rmr /data/hive/warehouse/userinfo/userinfo.txt;
rmr: DEPRECATED: Please use 'rm -r' instead.
Deleted /data/hive/warehouse/userinfo/userinfo.txt
hive> select * from userinfo;
OK
Time taken: 0.067 seconds
hive> dfs -put /root/experiment/datas/hive/userinfo.txt /data/hiv
e/warehouse/userinfo;
hive> dfs -lsr /data/hive/warehouse/userinfo;
lsr: DEPRECATED: Please use 'ls -R' instead.
-rw-r--r--   1 root supergroup      595 2025-03-21 08:33 /data/
hive/warehouse/userinfo/userinfo.txt
hive> select * from userinfo;
OK
```

图 9-9   把数据从本地导入 HDFS

9.6.2   删除表中数据

删除表 userinfo 中由本地文件 userinfo2.txt 导入的一批数据，如图 9-10 所示。

```
hive> dfs -rmr /data/hive/warehouse/userinfo/userinfo2.txt;
rmr: DEPRECATED: Please use 'rm -r' instead.
Deleted /data/hive/warehouse/userinfo/userinfo2.txt
hive> dfs -lsr /data/hive/warehouse/userinfo;
lsr: DEPRECATED: Please use 'ls -R' instead.
-rwxr-xr-x   1 root supergroup        335 2025-03-21 08:42 /data/
hive/warehouse/userinfo/userinfo1.txt
hive> select * from userinfo;
OK
```

图 9-10　删除表中数据

9.6.3　查询表中数据

1. 查询指定字段

查询指定字段数据如图 9-11 所示。

```
hive> SELECT uname ,salary FROM userinfo;
OK
John     10000.0
Mary     8000.0
Jones    7000.0
Bill     6000.0
Time taken: 0.082 seconds, Fetched: 4 row(s)
```

图 9-11　查询指定字段数据

2. 查询数组中的值

查询数组中的值如图 9-12 所示。

```
hive> SELECT uname , familyMembers[0] FROM userinfo;
OK
John     father
Mary     grandma
Jones    NULL
Bill     NULL
Time taken: 0.291 seconds, Fetched: 4 row(s)
```

图 9-12　查询数组中的值

3. 查询集合中的值

查询集合中的值如图 9-13 所示。

```
hive> SELECT uname,deductions["pension"] FROM userinfo;
OK
John     0.2
Mary     0.2
Jones    0.15
Bill     0.15
Time taken: 0.098 seconds, Fetched: 4 row(s)
```

图 9-13　查询集合中的值

4. 查询结构中的值

查询结构中的值如图 9-14 所示。

```
hive> SELECT uname , address.city FROM userinfo;
OK
John    Harbin
Mary    Harbin
Jones   HaiDian
Bill    WangFuJing
Time taken: 0.118 seconds, Fetched: 4 row(s)
hive> SELECT uname , address.zip FROM userinfo;
OK
John    150000
Mary    150000
Jones   100000
Bill    100000
Time taken: 0.088 seconds, Fetched: 4 row(s)
```

图 9-14　查询结构中的值

5. 基于算术运算符的查询

算术运算符使用列值进行计算，如图 9-15 所示。

```
hive> SELECT uname,deductions["pension"] +deductions["medical"]+d
eductions["provident"] FROM userinfo;
OK
John    0.35
Mary    0.35
Jones   0.28
Bill    0.28
Time taken: 0.123 seconds, Fetched: 4 row(s)
```

图 9-15　基于算术运算符的查询

6. 基于 round 函数的查询

基于数学函数 round(DOUBLE D)的查询如图 9-16 所示。

```
hive> SELECT uname,round(salary *(1-deductions["pension"] +deduct
ions["medical"]+deductions["provident"])) FROM userinfo;
OK
John    9500.0
Mary    7600.0
Jones   6860.0
Bill    5880.0
Time taken: 0.113 seconds, Fetched: 4 row(s)
```

图 9-16　基于 round 函数的查询

7. 基于 explode 函数的查询

基于表生成函数 explode 的查询如图 9-17 所示。

```
hive> SELECT explode(familyMembers) AS sub FROM userinfo WHERE un
ame='John';
OK
father
mother
Time taken: 0.099 seconds, Fetched: 2 row(s)
```

图 9-17　基于 explode 函数的查询

8. 条件查询

条件查询如图 9-18 所示。

```
hive> SELECT * FROM userinfo WHERE uname='John';
OK
John    10000.0 ["father","mother"]     {"pension":0.2,"medical":
0.05,"provident":0.1}   {"street":"HeiLongJiang","city":"Harbin",
"state":"IL","zip":150000}
Time taken: 0.1 seconds, Fetched: 1 row(s)
```

图 9-18　条件查询

【学习产出】

学习产出考核评价表如表 9-2 所示。

表 9-2　学习产出考核评价表

评价要素	评价标准	评价方式		分值	得分
		小组评价	教师评价		
职业素养	1. 在学习和实践中，以高度的责任心对待每一个任务，对 Hive 相关操作保持认真严谨的态度，积极解决出现的问题。 2. 在小组项目中，积极与同学沟通合作，共同完成 Hive 的数据运维任务，分享对知识的理解			20	
专业能力	1. 熟练使用 Hive 进行各种数据操作，包括数据导入、查询、分析等，在数据运维中能快速定位和解决问题。 2. 当遇到 Hive 使用中的复杂问题时，能运用所学知识进行分析并找到有效的解决方案			70	
创新能力	1. 能对现有的 Hive 使用方法提出创新性的改进建议，提高数据处理效率和质量。 2. 能探索 Hive 与其他大数据工具的结合应用，开拓新的数据运维思路			10	
总分					
教师评语					

项目 10

Spark 组件运维

项目介绍

随着智能交通系统的不断发展与普及，海量数据如潮水般涌来。Spark 组件运维在智能交通领域发挥着关键作用，为交通的高效运行与科学管理提供有力支持。

智能交通数据来源极为广泛。道路上的传感器持续收集车流量、车速、道路占有率等实时数据；交通摄像头捕捉车辆行驶轨迹、车牌信息以及道路状况的图像数据；导航软件记录用户出行路线、出发地与目的地等信息；公交地铁的智能票务系统和车辆定位系统也产生大量运营数据。这些数据类型多样、规模庞大且更新频繁。

Spark 组件运维项目在集群管理方面，可根据数据的峰谷规律合理配置资源，自动调配更多计算资源以快速处理海量的流量数据，保障系统的实时响应。实现这些功能的前提是配置和部署好 Spark。本项目重点介绍 Spark 配置与运维操作，为数据资源的优化配置和高效利用提供保障。

学习目标

- 知识：掌握 Spark 的架构及工作原理。
- 技能：会 Spark 安装部署，能够对参数进行修改，能够使用 Spark Shell 进行运维。
- 态度：培养认真严谨的工作态度和数据安全意识。

项目要点

Spark 架构，Spark 安装，修改 Spark 参数，Spark 运维。
【建议学时】8 学时。

前置任务

1. 了解 Spark 生态圈的组成。

2. 了解 Spark 应用场景

10.1　Spark 运维概述

Apache Spark 是专为大规模数据处理而设计的快速通用计算引擎，用于在单节点机器或集群上完成对数据的操作处理和机器学习。Apache Spark 通过使用内存进行持久化存储和计算，避免了磁盘上的中间数据存储过程，将计算速度提高了数百倍。

通常当需要处理的数据量超过了单机尺度(如计算机有 4 GB 的内存，而需要处理 100 GB 以上的数据)时，可以选择 Spark 集群进行计算。有时可能需要处理的数据量并不大，但是计算很复杂，需要大量的时间，这时也可以选择利用 Spark 集群强大的计算资源进行并行化计算。Spark 计算框架如图 10-1 所示。

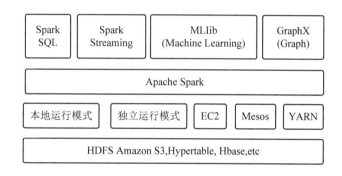

图 10-1　Spark 计算框架

下面给出 Spark 中相关数据的概念和功能。

- Spark Core：包含 Spark 的基本功能；尤其是定义 RDD 的 API、操作以及这两者上的动作。其他 Spark 的库都是构建在 RDD 和 Spark Core 之上的。
- Spark SQL：提供通过 Apache Hive 的 SQL 变体 Hive 查询语言(HiveQL)与 Spark 进行交互的 API。每个数据库表被当作一个 RDD，Spark SQL 查询被转换为 Spark 操作。
- Spark Streaming：对实时数据流进行处理和控制。Spark Streaming 允许程序能够像普通 RDD 一样处理实时数据。
- MLlib：一个常用机器学习算法库，算法被实现为对 RDD 的 Spark 操作。这个库包含可扩展的学习算法，比如分类、回归等需要对大量数据集进行迭代的操作。
- GraphX：控制图、并行图操作和计算的一组算法和工具的集合。GraphX 扩展了 RDD API，包含控制图、创建子图、访问路径上所有顶点的操作。
- Spark 具有以下几个主要特点：

(1) 运行速度(Speed)：在迭代循环的计算模型下，Spark 比 Hadoop 快 100 倍。Apache Spark 使用最先进的 DAG 调度器、查询优化器和物理执行引擎，实现了批处理和流数据的高性能，如图 10-2 所示。

Speed

Run workloads 100x faster.

Apache Spark achieves high performance for both batch and streaming data, using a state-of-the-art DAG scheduler, a query optimizer, and a physical execution engine.

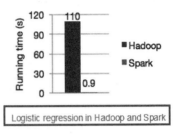

图 10-2　Spark 官方说明——运行速度

(2) 易用性(Ease of Use)：Spark 提供了超过 80 个高级操作符(算子)，使得构建并行应用程序变得容易，可以在 Scala、Python、R 和 SQL shells 中交互式地使用它，还提供多种语言的 API，如 Java、Python、Scala、R、SQL 等，如图 10-3 所示。

Ease of Use

Write applications quickly in Java, Scala, Python, R, and SQL.

Spark offers over 80 high-level operators that make it easy to build parallel apps. And you can use it *interactively* from the Scala, Python, R, and SQL shells.

```
df = spark.read.json("logs.json")
df.where("age > 21")
  .select("name.first").show()
```

Spark's Python DataFrame API
Read JSON files with automatic schema inference

图 10-3　Spark 官方说明——易用性

(3) 扩展性/通用性(Generality)：在 Spark RDD 基础上，Spark 提供了一整套的分析计算模型，如 Spark SQL、Spark Stresaming、Spark MLLib 和图计算，支持一系列库，包括 SQL 和 DataFrames、用于机器学习的 MLlib、GraphX 和 Spark 流，可以在同一个应用程序中无缝地组合这些库，如图 10-4 所示。

Generality

Combine SQL, streaming, and complex analytics.

Spark powers a stack of libraries including SQL and DataFrames, MLlib for machine learning, GraphX, and Spark Streaming. You can combine these libraries seamlessly in the same application.

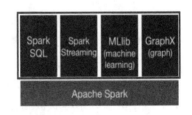

图 10-4　Spark 官方说明——通用性

(4) 随处运行(Runs Everywhere): Spark 可以运行在 Hadoop, Apache Mesos, Kubernetes, standalone，or in the cloud，也可以访问不同的数据源，如图 10-5 所示。

Runs Everywhere

Spark runs on Hadoop, Apache Mesos, Kubernetes, standalone, or in the cloud. It can access diverse data sources.

You can run Spark using its standalone cluster mode, on EC2, on Hadoop YARN, on Mesos, or on Kubernetes. Access data in HDFS, Alluxio, Apache Cassandra, Apache HBase, Apache Hive, and hundreds of other data sources.

图 10-5　Spark 官方说明——随处可运行

10.1.1　Spark 架构

在了解 Spark 架构之前先了解以下几个概念。

- RDD(弹性分布式数据集，Resilient Distributed Dataset)：分布式内存的一个抽象概念，提供了一种高难度受限的共享内存模型。
- DAG(有向无环图，Directed Acyclic Graph)：反映 RDD 之间的依赖关系。
- DAG Scheduler(有向无环图调度器，Directed Acyclic Graph Scheduler)：计算作业和任务的依赖关系，指定调度、逻辑。在 SparkContext(Spark 程序的入口)初始化的过程中被实例化，一个 SparkContext 对应一个 DAG Scheduler。
- Task(任务)：运行在 Spark 上的工作单元，是单个分区数据集上的最小处理流程单元。
- Task Set(任务集)：由一组关联的但相互之间没有依赖关系的任务组成。
- Task Scheduler(任务调度器)：将 Task Set 提交给 Worker(集群)运行并汇报结果，负责每个具体任务的实际物理调度。
- Job(作业)：一个 Job 包括多个 RDD 及作用于相应 RDD 上的各种操作。
- Stage(阶段)：是 Job 的基本调度单位，一个 Job 会分为多组 Task，每组 Task 被称为阶段。

1. Spark 运行架构的组成

Spark 运行架构由 Cluster Manager(集群管理器)、Worker Node(工作节点)、Executor(执行进程)、Driver Program(任务控制节点)、Application(应用程序) 组成。

1) Cluster Manager(集群管理器)

Cluster Manager 是 Spark 的集群管理器，主要负责对整个集群资源进行分配和管理，管理集群中的 Worker Node 的计算资源，它能跨应用从底层调度集群资源，可以让多个应用分享集群资源并运行在同一个 Worker Node 上。根据部署模式的不同，Cluster Manager 可以分为以下 3 种。

(1) Hadoop YARN：主要指 YARN 中的资源管理器。YARN 是 Hadoop2.0 中引入的集群管理器，它可以让多种数据处理框架运行在一个共享的资源池上，让 Spark 运行在配置了 YARN 的集群上，利用 YARN 管理资源。

(2) Apache Mesos(分布式资源管理框架)：Mesos 起源于美国加州大学伯克利分校的 AMP 实验室，是一个通用的集群管理器。它能够将 CPU、内存、硬盘及其他计算资源从设备(物理或虚拟)中抽象出来，形成一个池的逻辑概念，从而实现高容错与弹性分布式系统的轻松构建与高效运行。

(3) Standalone(独立模式)：Standalone 是 Spark 原生的资源管理器，由主节点负责资源的分配。

2) Worker Node(工作节点，简称 Worker)

Worker 用于执行提交的作业。在 YARN 部署模式下，Worker 由节点管理器代替，提供 CPU、内存、存储资源，Worker 把 Spark 应用看作分布式进程，并在集群节点上执行。

Worker 的作用如下：

(1) 通过注册机制向 Cluster Manager 汇报自身的 CPU 和内存等资源。

(2) 在主节点的指示下创建并启动执行进程，执行进程是真正执行计算的"苦力"。

(3) 将资源和任务进一步分配给执行进程。

(4) 同步资源信息和执行进程状态信息并返回给 Cluster Manager。

3) Executor(执行进程)

Executor 是真正执行计算任务的组件。Executor 是某个应用程序运行在 Worker 上的一个进程，该进程负责运行某些 Task，并且负责将数据存到内存或磁盘上。每个应用程序都有各自独立的一批 Executor，Executor 的生命周期和创建它的应用程序一样。也就是说，一旦 Spark 应用结束，那么它创建的 Executor 也将结束。

4) Driver Program(任务控制节点，简称 Driver)

Drive 是应用程序的驱动程序。可以将 Driver 理解为使程序运行的 main 函数，它会创建 SparkContext。应用程序通过 Driver 与集群主节点和 Executor 进行通信。Driver 可以运行在应用程序中，也可以由应用程序提交给集群主节点，然后由集群主节点安排 Worker 运行，Spark 将在 Worker 上执行这些代码。

5) Application(应用程序)

用户使用 Spark API(应用程序编程接口，Application Programming Interface) 编写的应用程序包括一个 Driver 功能的代码和分布在集群中多个节点上运行的 Executor 代码。Application 通过 Spark API 创建 RDD，对 RDD 进行转换并创建 DAG，通过 Driver 将 Application 注册到集群主节点上。

Spark 运行架构如图 10-6 所示。

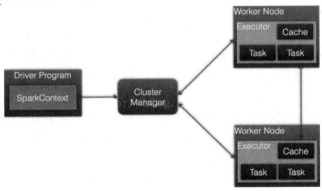

图 10-6　Spark 运行架构

2. Spark 运行架构的特点

Spark 运行架构的特点如下：

(1) Executor 专属：每个 Application 都有自己专属的 Executor，并且该进程在 Application 运行期间一直驻留，Executor 以多线程的方式运行 Task。

(2) 支持多种资源管理器：Spark 与资源管理器无关，只要能够获取 Executor 并保持互相通信就可以了。

(3) 按移动程序而非移动数据的原则执行：Task 采用数据本地性和推测执行等优化机制。

10.1.2　Spark 工作原理

Spark 基本运行流程如图 10-7 所示。

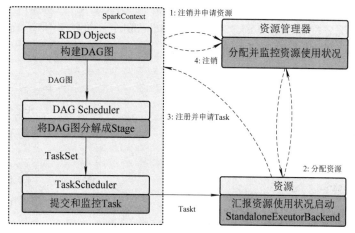

图 10-7　Spark 基本运行流程

Spark 作为大数据处理的核心框架,其应用程序的运行需经历复杂且有序的流程,从环境搭建到任务调度,各环节紧密协作实现数据的高效处理。下面给出运行流程:

(1) 构建 Spark 应用程序的运行环境,启动 SparkContext。

(2) SparkContext 向资源管理器(可以是 Standalone、Mesos、YARN)申请运行 Executor 资源,并启动 StandaloneExecutorbackend(Standalone 模式下负责任务执行的后端组件)。

(3) Executor 向 SparkContext 申请 Task。

(4) SparkContext 将应用程序分发给 Executor。

(5) SparkContext 构建成 DAG 图,将 DAG 图分解成 Stage,将 TaskSet 发送给 TaskScheduler,最后由 TaskScheduler 将 Task 发送给 Executor 运行。

(6) Task 在 Executor 上运行,运行完释放所有资源。

DAG Scheduler 把一个 Spark 作业转换成 Stage 的 DAG,根据 RDD 和 Stage 之间的关系找出开销最小的调度方法,然后把 Stage 以 TaskSet 的形式提交给 Task Scheduler。图 10-8 展示了 DAG Scheduler 的作用。

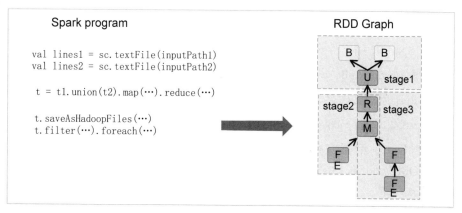

图 10-8　DAG Scheduler 作用示意图

DAG Scheduler 决定了 Task 的理想位置，并把这些信息传递给下层的 TaskScheduler。此外，DAG Scheduler 还处理由于 Shuffle 数据丢失导致的失败，还有可能需要重新提交运行之前的 Stage(非 Shuffle 数据丢失导致的 Task 失败由 TaskScheduler 处理)。

TaskScheduler 维护所有 TaskSet，当 Executor 向 Driver 发送心跳时，TaskScheduler 会根据资源剩余情况分配相应的 Task。另外 TaskScheduler 还维护着所有 Task 的运行标签，重试失败的 Task。图 10-9 展示了 TaskScheduler 的作用。

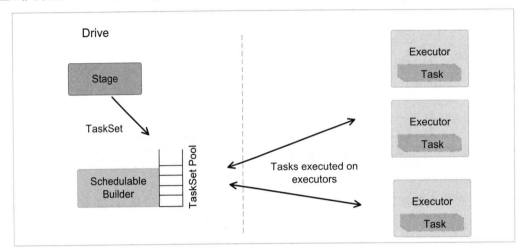

图 10-9　TaskScheduler 作用示意图

10.2　Spark 配置部署

本次安装部署的是 Spark On YARN 模式，所以需要提前安装部署好 JDK 和 HadoopHA 集群。在 Spark On YARN 模式下，三个节点都是平等的，没有主从之说，只是多了提交节点。

下面对 Spark 进行安装部署。

(1) 解压 Spark 压缩文件至/opt 目录，命令如下：

```
tar -zxvf  ~/experiment/file/spark-2.2.0-bin-hadoop2.7.tgz   -C   /opt
```

(2) 修改解压后的文件名为 spark，命令如下：

```
mv /opt//spark-2.2.0-bin-hadoop2.7 /opt/spark
```

(3) 复制 Spark 配置文件，在主节点上进入 Spark 安装目录下的配置文件目录 { $SPARK_HOME/conf }，并复制 spark-env.sh 配置文件，命令如下：

```
cd /opt/spark/conf
cp spark-env.sh.template spark-env.sh
```

(4) Vim 编辑器打开 Spark 配置文件，命令如下：

vim spark-env.sh

(5) 按 Shift＋g 键定位到最后一行，按 i 键切换到输入模式下，添加如下命令(注意："＝"附近无空格)：

export JAVA_HOME=/usr/lib/java-1.8
export SPARK_MASTER_HOST=master
export SPARK_MASTER_PORT=7077

(6) 按 Esc 键，输入 :wq 命令后保存退出。

(7) 修改 Spark 的从节点配置文件，每一行添加工作节点(Worker)名称，命令如下：

cp slaves.template slaves
vim slaves
slave1
slave2

(8) 按 Esc 键，输入 :wq 命令后保存退出。

(9) 复制 spark-defaults.conf，命令如下：

cp spark-defaults.conf.template spark-defaults.conf

(10) 通过远程 scp 指令将主节点的 Spark 安装包分发至各个从节点，即 slave1 和 slave2 节点，命令如下：

scp -r /opt/spark/ root@slave1:/opt/
scp -r /opt/spark/ root@slave2:/opt/

(11) 配置环境变量。分别在从节点 1(slave1)和从节点 2(slave2)上配置环境变量，修改【/etc/profile】，在文件尾部追加以下内容：

vim /etc/profile
#spark install
export SPARK_HOME=/opt/spark
export PATH=$PATH:$SPARK_HOME/bin:$SPARK_HOME/sbin

在(slave1)上修改 profile，如图 10-10 和图 10-11 所示。

图 10-10　在 slave1 上修改 profile

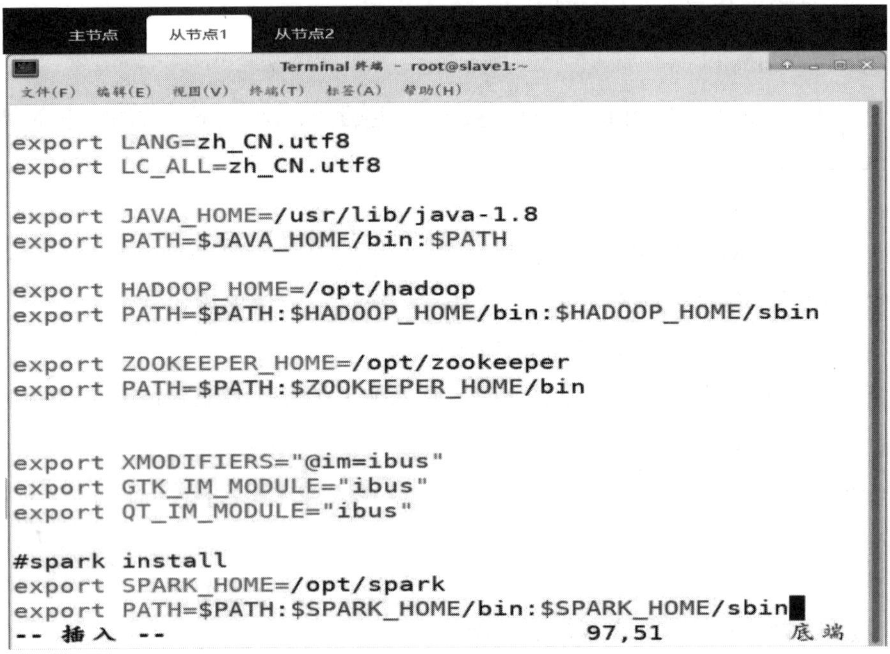

图 10-11　slave1 配置文件中具体的修改内容

在(slave2)上修改 profile，如图 10-12 和图 10-13 所示。

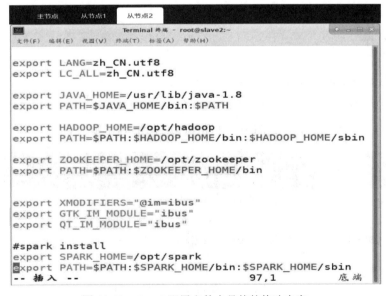

图 10-12　在 slave2 上修改 profile

图 10-13　slave2 配置文件中具体的修改内容

（12）按 Esc 键，输入 :wq 命令保存退出。

（13）分别在 slave1 和 slave2 上刷新配置文件，如图 10-14 和图 10-15 所示。

图 10-14　在 slave1 上刷新配置文件

图 10-15　在 slave2 上刷新配置文件

（14）绑定 Hadoop 配置目录，Spark 搭建 On YARN 模式，只需修改 spark-env.sh 配置文件的 HADOOP_CONF_DIR 属性，指向 Hadoop 安装目录中配置文件目录，具体操作如下：

vim /opt/spark/conf/spark-env.sh

export HADOOP_CONF_DIR=/opt/hadoop/etc/hadoop

（15）按 Esc 键，输入 :wq 命令保存退出。

（16）在主节点修改完配置文件后，一定要将【/opt/spark/conf/spark-env.sh】文件同步分发至所有从节点，命令如下：

scp -r /opt/spark/conf/spark-env.sh root@slave1:/opt/spark/conf/

scp -r /opt/spark/conf/spark-env.sh root@slave2:/opt/spark/conf/

分发结果如图 10-16 所示。

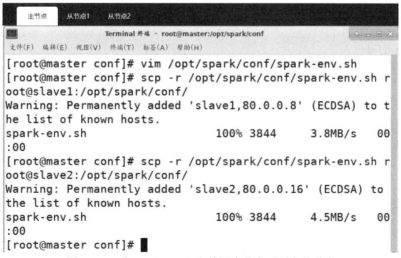

图 10-16　将 spark-env.sh 文件同步分发至所有从节点

(17) 修改注意事项。如果不修改此项，那么可能在提交作业时抛出相关异常，YARN 的资源调用超出上限，需修改默认校验属性，修改 yarn-site.xml 文件如图 10-17 所示，修改如下：

```
{HADOOP_HOME/etc/hadoop}/yarn-site.xml
    vim /opt/hadoop/etc/hadoop/yarn-site.xml
    <property>
        <name>yarn.nodemanager.pmem-check-enabled</name>
        <value>false</value>
    </property>
    <property>
        <name>yarn.nodemanager.vmem-check-enabled</name>
        <value>false</value>
    </property>
```

图 10-17　修改 yarn-site.xml 文件

(18) 修改完成后分发至集群其他节点，如图 10-18 所示，命令如下：

```
scp/opt/hadoop/etc/hadoop/yarn-site.xmlroot@slave1:/opt/hadoop/etc/hadoop/
scp/opt/hadoop/etc/hadoop/yarn-site.xml root@slave2:/opt/hadoop/etc/hadoop/
```

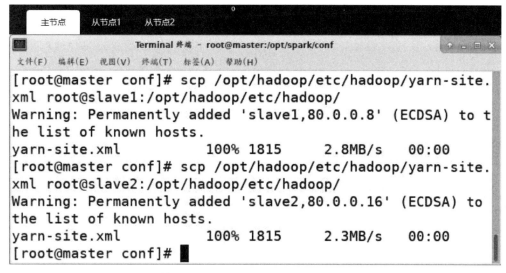

图 10-18　修改后的 yarn-site.xml 文件分发至集群其他节点

(19) 开启 Hadoop 集群，在开启 Spark On YARN 集群之前必须首先开启 Hadoop 集群，结果如图 10-19 所示，命令如下：

```
start-dfs.sh
start-yarn.sh
```

Terminal 终端 - root@master:/opt/spark/conf

文件(F) 编辑(E) 视图(V) 终端(T) 标签(A) 帮助(H)

```
[root@master conf]# start-dfs.sh
Starting namenodes on [master]
master: Warning: Permanently added 'master,80.0.0.3' (ECDSA) to the list o
f known hosts.
master: starting namenode, logging to /opt/hadoop/logs/hadoop-root-namenod
e-master.out
slave1: Warning: Permanently added 'slave1,80.0.0.8' (ECDSA) to the list o
f known hosts.
slave2: Warning: Permanently added 'slave2,80.0.0.16' (ECDSA) to the list
of known hosts.
slave1: starting datanode, logging to /opt/hadoop/logs/hadoop-root-datanod
e-slave1.out
slave2: starting datanode, logging to /opt/hadoop/logs/hadoop-root-datanod
e-slave2.out
Starting secondary namenodes [0.0.0.0]
0.0.0.0: Warning: Permanently added '0.0.0.0' (ECDSA) to the list of known
 hosts.
0.0.0.0: starting secondarynamenode, logging to /opt/hadoop/logs/hadoop-ro
ot-secondarynamenode-master.out
[root@master conf]# start-yarn.sh
starting yarn daemons
starting resourcemanager, logging to /opt/hadoop/logs/yarn-root-resourcema
nager-master.out
slave1: Warning: Permanently added 'slave1,80.0.0.8' (ECDSA) to the list o
```

图 10-19　开启 Hadoop 集群

(20) 开启 Spark Shell 会话，结果如图 10-20 所示，命令如下：

```
spark-shell --master yarn-client
```

```
Using Spark's default log4j profile: org/apache/spark/log4j-defaults.proper
ties
Setting default log level to "WARN".
To adjust logging level use sc.setLogLevel(newLevel). For SparkR, use setLo
gLevel(newLevel).
25/07/14 15:32:06 WARN NativeCodeLoader: Unable to load native-hadoop libra
ry for your platform... using builtin-java classes where applicable
25/07/14 15:32:11 WARN ObjectStore: Failed to get database global_temp, ret
urning NoSuchObjectException
Spark context Web UI available at http://80.0.0.6:4040
Spark context available as 'sc' (master = local[*], app id = local-17524783
26850).
Spark session available as 'spark'.
Welcome to
      ____              __
     / __/__  ___ _____/ /__
    _\ \/ _ \/ _ `/ __/  '_/
   /___/ .__/\_,_/_/ /_/\_\   version 2.2.0
      /_/

Using Scala version 2.11.8 (Java HotSpot(TM) 64-Bit Server VM, Java 1.8.0_1
91)
Type in expressions to have them evaluated.
Type :help for more information.

scala> ▮
```

图 10-20　开启 spark shell 会话

(21) 使用 jps 查看 3 台节点的后台守护进程，如图 10-21 所示。

```
[root@master ~]# jps
1394 ResourceManager
1209 SecondaryNameNode
1658 Jps
1007 NameNode
```

图 10-21　查看节点后台守护进程

(22) 查看 WebUI 界面，应用提交后，进入 Hadoop 的 YARN 资源调度页面 http://master:8088，查看应用的运行情况，如图 10-22 所示。

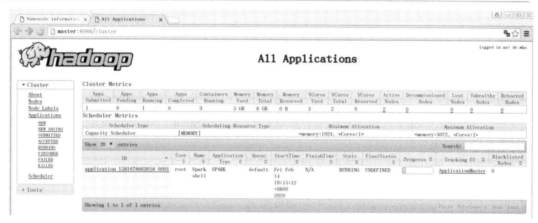

图 10-22　查看 WebUI 界面

至此，所有配置已完成。

10.3　Spark 组件维护

1. Spark 属性

Spark 应用程序的运行是通过外部参数来控制的，参数的设置正确与否会直接影响应用程序的性能，进而影响整个集群的性能。参数控制有以下几种方式：

(1) 参数可以直接在 SparkConf 上设置，通过 set( )方法传入键值对，然后传递给SparkContext。例如：

```
val conf =
NewSparkConf().setMaster("local[2]").setAppName ( "test")
.set( "spark.cores.max","10")
val sc=new SparkContext(conf)
```

(2) 动态加载 Spark 属性。不对应用程序的名称和集群方式等属性进行硬编码。需要通过 spark-submit 命令添加必要的参数：通过--conf 标志，并在后面以键值对的形式传入属性参数。例如：

```
./bin/spark-submit
--name"My app"
--master local[4]
--conf spark.eventLog.enabled=false
--conf "spark.executor .extraJavaOptions=
-XX:+PrintGcDetails -XX:+PrintGCTimestamps" myApp-jar
```

(3) 在 S{SPARK HOME}spark-defaults.conf 中定义必要的属性参数，当启动 Spark 时，SparkContext 会自动加载此配置文件的属性。例如：

```
spark.master
spark://192.168.1.6:8080
spark.executor -memory 4g
spark.eventLog.enabled true
spark.serializer org.apache.apark.aerializer .Kryoserializer
```

一切外部传给 Spark 应用程序的属性参数最终都会与 SparkConf 里定义的值结合。Spark
加载属性参数的优先顺序如下：

(1) 直接在 SparkConf 中设置的属性参数。

(2) 通过 spark-submit 或 spark-shell 方式传递的属性参数。

(3) spark-defaults.conf 配置文件中的属性参数。

既然参数有顺序之分，就说明优先级高的参数会覆盖优先级低的参数。绝大多数属性
都有合理的默认值。Spark 常用属性及作用如表 10-1 所示。

表 10-1　Spark 常用属性及其作用

属 性 名	属 性 作 用
spark.driver.cores	在 Cluster 模式下，用几个 core 运行 Driver 进程
spark.driver.cores	Drive 进程可以用的内存总量
spark.executor.memory	单个 Executor 使用的内存总量
spark.local.dir	Spark 的本地临时目录，包括 map 输出的临时文件，或者 RDD 存在磁盘上的数据

2. 环境变量

有些 Spark 设置需要通过环境变量来设定，这些环境变量可以在 S(SPARK_HOME}/
conf/spark-env.sh 脚本中设置。如果是独立部署或 Mesos 模式，那么这个文件可以指定机器
的相关信息(如 hostname)，在运行本地 Spark 应用时，会引用这个文件。Spark 常用环境变
量如表 10-2 所示。

表 10-2　Spark 常用环境变量

环 境 变 量	意 义
JAVA_HOME	Java 的安装目录
SCALA_HOME	Scala 的安装目录
HADOOP_HOME	Hadoop 的安装目录
HADOOP_CONF_DIR	Hadoop 集群的配置文件的目录
SPARK_LOCAL_IP	本地绑定的 IP
PYSPARK_PYTHON	Driver 和 Worker 上使用的是 Python 二进制可执行文件
PYSPARK_DRIVER_PYTHON	仅在 Driver 上使用的 Python 二进制可执行文件(默认是 PYSPARK_PYTHON)
SPARKR_DRIVER_R	SparkR Shell 使用的 R 二进制可执行文件(默认是 R)

3. Spark 日志

Spark 使用 Log4j 方式记录日志。可以在 conf 目录下用 log4j.properties 来配置。只需复制该目录下已有的 log4j.properties.template 并改名为 log4j.properties 即可。

4. 覆盖配置目录

默认 Spark 配置目录是${SPARK_HOME}/conf，也可以通过 S{SPARK_CONF_DIR}指定其他目录。Spark 会从这个目录中读取配置文件，如 spark-defaults.conf、spark-env.sh、log4j.properties 等。

10.4　Spark Shell 编程

10.4.1　Spark Shell 概述

执行 Spark 任务有两种方式：一种方式是 spark-submit，另一种方式是 spark-shell。当生产部署与发布时通常使用 spark-submit 脚本进行提交(./bin 目录下)。

Spark Shell 的本质是在后台调用 spark-submit 脚本启动应用程序，当启动一个 Spark Shell 时，Spark Shell 已经预先创建好了一个 SparkContext 对象，其变量名为 sc。如果再新建一个 SparkContext 对象，那么它将不会运行下去。我们可以使用--master 标记指定以何种方式连接集群，也可以使用--jars 标记添加 jar 包到 CLASSPATH 中，多个 jar 包之间以逗号分隔。

Spark Shell 的常用参数如下：

--master：指定 master 节点，如 YARN。

--deploy-mode：Cluster 或 Client。

--executor-memory：每个执行节点所需的内存。

--total-executor-cores：集群用到的 CPU 核数。

对于 spark-shell 的其他标记，通过执行 spark-shell--help 获取。

10.4.2　Spark Shell 操作

在介绍 Spark Shell 操作之前，需要先了解一下 RDD，RDD 是 Spark 的核心类成员，贯穿 Spark 编程的始终。RDD 有两种类型的操作，分别为 Transformation(返回一个新的 RDD) 和 Action(返回 values)。Transformation 根据已有 RDD 创建新的 RDD 数据集，其操作如表 10-3 所示；Action 在 RDD 数据集运行计算后返回一个值或将结果写入外部存储中，其操作如表 10-4 所示。

表 10-3　Transformation 操作

操　作	说　明
map(func)	对调用 map 的 RDD 数据集中的每个数据都使用 func，返回一个新的 RDD，这个返回的数据集是分布式的数据集
filter(func)	对调用 filter 的 RDD 数据集中的每个数据都使用 func，返回一个包含使 func 为 true 的元素构成的 RDD
flatMap(func)	与 map 相似，但是 flatMap 生成的是多个结果
sample(withReplacement, faction, seed)	抽样
union(otherDataset)	返回一个新的数据集，其中包含源数据集中的元素和参数的并集
distinct([numTasks])	返回一个新的数据集，其中包含源数据集中的不同元素
groupByKey([numTasks])	在(K,V)对的数据集上调用时返回(K,Iterable \<V>)对的数据集
reduceByKey(func, [numTasks])	用一个给定的 reduce func 作用在 groupByKey 产生的(K,Seq [V])，如求和、求平均数
sortByKey([ascending],[numTasks])	按照 key 进行排序，ascending 是 boolean 类型，决定升序和降序

表 10-4　Action 操作

操　作	说　明
reduce(func)	使用函数 func(该函数接收两个参数并返回一个)聚合数据集的元素，该函数应该是可交换的和可关联的，以便可以并行正确地计算它
collect()	一般在 filter 或结果足够小的时候用 collect 封装返回一个数组
count()	返回的是数据集中的元素数
first()	返回的是数据集中的第一个元素
take(n)	返回前 n 个元素
takeSample(withReplacement, num, seed)	抽样返回一个数据集中的 num 个元素，随机种子为 seed
saveAsTextFile(path)	把数据集写到一个 text-file 或 HDFS 中，或者 HDFS 支持的文件系统中，Spark 把每条记录都转换为一行记录，然后写到 text-file 中
saveAsSequenceFile(path)	只能用在键值对上，然后生成 SequenceFile 并写到本地或 Hadoop 文件系统中
countByKey()	返回的是 key 对应的个数的一个 map，作用于一个 RDD
foreach(func)	对数据集中的每个元素都使用 func

了解了以上操作之后，可以进行以下的简单操作。

(1) 在 YARN 集群管理器上运行 spark-shell。

在三个节点上启动 ZooKeeper，命令如下：

```
[hadoop@ master spark]$ cd / usr/ local/ src/ zookeeper/ bin/
[hadoop@ master bin]$ ./zkServer.sh start
[hadoop@slave1 spark]$ cd / usr/ local/ src/ zookeeper/ bin/
[hadoop@slave1 bin]$ ./zkServer.sh start
[hadoop@slave2 spark]$ cd / usr/ local/ src/ zookeeper/ bin/
[hadoop@slave2 bin] $ ./zkServer.sh start
```

在 master 节点上启动 Hadoop 集群，命令如下：

```
[hadoop@ master spark] cd / usr/ local/ src/ hadoop/ sbin/
[hadoop@ master sbin]$ ./ start-all.sh
```

在 YARN 集群管理器上启动 spark-shell，命令如下：

```
[hadoop@ master sbin] $ spark-shell - -master yarn - -deploy-mode client
```

(2) 通过加载文件新建一个 RDD。

Spark Shell 默认读取 HDFS 中的文件，因此需要先上传该文件到 HDFS 中，否则会有以下报错信息：

```
[hadoop@ master spark] $ hadoop fs -put README.md /
```

通过加载 README. md 文件新建一个 RDD (textFile 从 HDFS 中读取数据)，命令如下：

```
scala> val textFile= sc. textFile("/README. md")
```

(3) 对 RDD 进行 Action 操作和 Transformation 操作。

使用 Action 操作中的 first()和 count()两种方法：

```
scala> textFile. first()        #查看 textFile 中的第一条数据
scala> textFile. count()        #统计 textFile 中的单词总数
```

使用 Transformation 转换操作，运行命令如下：

```
scala> val wordcount=textFile. flatMap(line=> line. split("") ). map(word=>(word,1)). reduceByKey(_+_)
```

将数据集 map 之后的内容进行扁平化操作，将分割开的单词和 1 构成元组。其中，reduceByKey(+) 是 reduceByKey((x,y)=>x+y)的简化写法，寻找相同 key 的数据，当找到这样的两条记录时，对其 value 求和，不指定将两个 value 存入 x 和 y 中，只保留求和之后的数据并将其作为 value。反复执行，直至每个 key 只留下一条记录。然后通过 collect()方法将远程数据通过网络传输到本地并进行词频统计：

```
scala> wordcount. collect()
```

collect()方法得到的结果是一个 list，然后可以通过 foreach()方法遍历 list 中的每个元组数据并返回其结果，命令如下：

```
scala> wordcount. foreach(println)
```

(4) 结束之后退出 Spark Shell，命令如下：

```
Spark Shell:scala> :q
```

10.5   任 务 实 战

10.5.1   RDD 创建

Spark 提供了两种类型的基础 RDD：一种是并行集合(Parallelized Collections)，接收一个已经存在的 Scala 集合，然后进行各种并行计算；另一种是通过外部存储创建 RDD，外部存储可以是文本文件或 Hadoop 文件系统 HDFS，还可以通过 Hadoop 接口 API 进行创建。

1. 在 Spark Shell 中创建并行集合 RDD

(1) 开启 Spark Shell 交互式界面，首先默认开启 spark-shell 会话，这时将生成一个 Spark Application 应用，假如开启 3 个线程来处理 Spark 业务，则开启会话命令如下：

```
spark-shell --master local[3]
```

开启 3 个线程结果如图 10-23 所示。

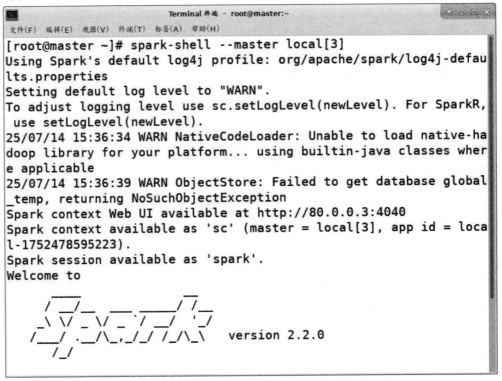

```
[root@master ~]# spark-shell --master local[3]
Using Spark's default log4j profile: org/apache/spark/log4j-defau
lts.properties
Setting default log level to "WARN".
To adjust logging level use sc.setLogLevel(newLevel). For SparkR,
 use setLogLevel(newLevel).
25/07/14 15:36:34 WARN NativeCodeLoader: Unable to load native-ha
doop library for your platform... using builtin-java classes wher
e applicable
25/07/14 15:36:39 WARN ObjectStore: Failed to get database global
_temp, returning NoSuchObjectException
Spark context Web UI available at http://80.0.0.3:4040
Spark context available as 'sc' (master = local[3], app id = loca
l-1752478595223).
Spark session available as 'spark'.
Welcome to
      ____              __
     / __/__  ___ _____/ /__
    _\ \/ _ \/ _ `/ __/  '_/
   /___/ .__/\_,_/_/ /_/\_\   version 2.2.0
      /_/
```

图 10-23   开启 3 个线程

(2) RDD 创建，parallelize 可以根据能启动的 Executor(线程数) 的数量来进行切分多个分区，每一个分区启动一个任务来进行处理，命令如下：

```
val rdd = sc.parallelize(Array(1 to 10))
```

```
rdd.collect()
```

```
rdd.partitions.size
```

切分分区的结果如图 10-24 所示。

```
scala> val rdd = sc.parallelize(Array(1 to 10))
rdd: org.apache.spark.rdd.RDD[scala.collection.immutable.Range.In
clusive] = ParallelCollectionRDD[0] at parallelize at <console>:2
4

scala> rdd.collect()
[Stage 0:>

res0: Array[scala.collection.immutable.Range.Inclusive] = Array(R
ange(1, 2, 3, 4, 5, 6, 7, 8, 9, 10))

scala> rdd.partitions.size
res1: Int = 3

scala>
```

图 10-24　切分分区

(3) 可以通过 parallelize 显式地设置 RDD 的分区个数，例如将上述的 RDD 设置为 5
个分区，命令如下：

```
val rdd = sc.parallelize(Array(1 to 10),5)
```

```
rdd.collect()
```

```
rdd.partitions.size
```

设置分区数结果如图 10-25 所示。

```
scala> val rdd = sc.parallelize(Array(1 to 10),5)
rdd: org.apache.spark.rdd.RDD[scala.collection.immutable.Range.In
clusive] = ParallelCollectionRDD[1] at parallelize at <console>:2
4

scala> rdd.collect()
[Stage 1:>

res2: Array[scala.collection.immutable.Range.Inclusive] = Array(R
ange(1, 2, 3, 4, 5, 6, 7, 8, 9, 10))

scala> rdd.partitions.size
res3: Int = 5
```

图 10-25　设置分区数

(4) 并行化集合的另一种实现可以调用 makeRDD()函数，将 1~10 的首选位置指定为
"master"和"slave1"，11~15 的首选位置指定为"slave1"和"slave2"。可以通过
preferredLocations() 函数查看当前分区的首选位置，命令如下：

```
val seq = Seq((1 to 10,Seq("master","slave1")),(11 to 15,Seq("slave1","slave2")))
```

```
val _makerdd = sc.makeRDD(seq)
```

_makerdd.preferredLocations(_makerdd.partitions(0))

_makerdd.preferredLocations(_makerdd.partitions(1))

查看当前分区首选位置结果如图 10-26 所示。

```
scala> val seq = Seq((1 to 10,Seq("master","slave1")),(11 to 15,S
eq("slave1","slave2")))
seq: Seq[(scala.collection.immutable.Range.Inclusive, Seq[String]
)] = List((Range(1, 2, 3, 4, 5, 6, 7, 8, 9, 10),List(master, slav
e1)), (Range(11, 12, 13, 14, 15),List(slave1, slave2)))

scala> val _makerdd = sc.makeRDD(seq)
_makerdd: org.apache.spark.rdd.RDD[scala.collection.immutable.Ran
ge.Inclusive] = ParallelCollectionRDD[2] at makeRDD at <console>:
26

scala> _makerdd.preferredLocations(_makerdd.partitions(0))
res4: Seq[String] = List(master, slave1)

scala> _makerdd.preferredLocations(_makerdd.partitions(1))
res5: Seq[String] = List(slave1, slave2)
```

图 10-26　查看当前分区首选位置

2. 在 Spark Shell 中创建外部数据源 RDD

(1) 创建 hello.txt 文件，命令如下：

touch /root/experiment/file/hello.txt

创建文件结果如图 10-27 所示。

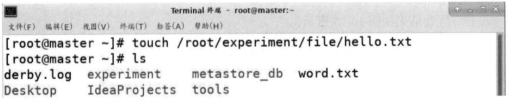

图 10-27　创建文件

(2) 配置 hello.txt 文件，命令如下：

vim /root/experiment/file/hello.txt

追加如图 10-28 所示的文本内容。

图 10-28　编辑文件并追加内容

(3) 按 Esc 键，输入 :wq 命令保存退出。

（4）将 hello.txt 文件上传至 HDFS，命令如下：

```
hadoop fs -put /root/experiment/file/hello.txt /
```

```
hadoop fs -ls /
```

上传文件至 HDFS 的结果如图 10-29 所示。

```
[root@master ~]# start-dfs.sh
Starting namenodes on [master]
master: Warning: Permanently added 'master,80.0.0.3' (ECDSA) to t
he list of known hosts.
master: starting namenode, logging to /opt/hadoop/logs/hadoop-roo
t-namenode-master.out
master: Warning: Permanently added 'master,80.0.0.3' (ECDSA) to t
he list of known hosts.
master: starting datanode, logging to /opt/hadoop/logs/hadoop-roo
t-datanode-master.out
Starting secondary namenodes [0.0.0.0]
0.0.0.0: Warning: Permanently added '0.0.0.0' (ECDSA) to the list
 of known hosts.
0.0.0.0: starting secondarynamenode, logging to /opt/hadoop/logs/
hadoop-root-secondarynamenode-master.out
[root@master ~]# hadoop fs -put /root/experiment/file/hello.txt /
[root@master ~]# hadoop fs -ls /
Found 1 items
-rw-r--r--   1 root supergroup         32 2025-07-14 15:45 /hello
.txt
```

图 10-29　上传文件至 HDFS

（5）开启 Spark Shell 交互式界面，首先默认开启 spark-shell 会话，这时将生成一个 Spark Application 应用，假如开启 3 个线程来处理 Spark 业务，则开启会话命令如下：

```
spark-shell --master local[3]
```

开启线程结果如图 10-30 所示。

```
25/07/14 15:46:57 WARN NativeCodeLoader: Unable to load native-ha
doop library for your platform... using builtin-java classes wher
e applicable
25/07/14 15:47:02 WARN ObjectStore: Failed to get database global
_temp, returning NoSuchObjectException
Spark context Web UI available at http://80.0.0.3:4040
Spark context available as 'sc' (master = local[3], app id = loca
l-1752479218138).
Spark session available as 'spark'.
Welcome to
      ____              __
     / __/__  ___ _____/ /__
    _\ \/ _ \/ _ `/ __/  '_/
   /___/ .__/\_,_/_/ /_/\_\   version 2.2.0
      /_/

Using Scala version 2.11.8 (Java HotSpot(TM) 64-Bit Server VM, Ja
va 1.8.0_191)
Type in expressions to have them evaluated.
Type :help for more information.
```

图 10-30　开启线程

(6) 从 HDFS 读取文件创建 RDD 的命令如下：

```
var rdd = sc.textFile("hdfs://master/hello.txt")
rdd.count()
```

读取结果如图 10-31 所示。

```
scala> var rdd = sc.textFile("hdfs://master/hello.txt")
rdd: org.apache.spark.rdd.RDD[String] = hdfs://master/hello.txt M
apPartitionsRDD[1] at textFile at <console>:24

scala> rdd.count()
[Stage 0:>

res0: Long = 5
```

图 10-31　从 HDFS 读取文件创建 RDD

10.5.2　RDD 行动操作

RDD 实际不存储真正要计算的数据，而是记录数据的位置以及数据的转换关系，例如调用了什么方法，传入了什么函数等。RDD 中的所有转换都是"惰性求值/延迟执行"的，也就是说并不会直接计算。只有当发生一个要求返回结果给 Driver 的 Action 动作时，这些转换才会真正运行。之所以使用"惰性求值/延迟执行"，是因为这样可以在 Action 时对 RDD 操作形成 DAG 有向无环图进行 Stage 的划分和并行优化，这种设计让 Spark 更加有效率地运行。

下面给出 RDD 行动操作的相关内容。

1. first 算子

first 返回 RDD 中的第一个元素，不排序，结果如图 10-32 所示，命令如下：

```
var rdd1 = sc.makeRDD(Array(("A","1"),("B","2"),("C","3")),2)
rdd1.first
var rdd1 = sc.makeRDD(Seq(12, 1, 4, 6, 8))
rdd1.first
```

```
scala> var rdd1 = sc.makeRDD(Array(("A","1"),("B","2"),("C","3"))
,2)
rdd1: org.apache.spark.rdd.RDD[(String, String)] = ParallelCollec
tionRDD[0] at makeRDD at <console>:24

scala> rdd1.first
res0: (String, String) = (A,1)

scala> var rdd1 = sc.makeRDD(Seq(12, 1, 4, 6, 8))
rdd1: org.apache.spark.rdd.RDD[Int] = ParallelCollectionRDD[1] at
 makeRDD at <console>:24

scala> rdd1.first
res1: Int = 12
```

图 10-32　first 算子

2. count 算子

count 返回 RDD 中的元素数量，结果如图 10-33 所示，命令如下：

```
var rdd1 = sc.makeRDD(Array(("A", "1"), ("B", "2"), ("C", "3")), 2)
rdd1.count
```

```
scala> var rdd1 = sc.makeRDD(Array(("A","1"),("B","2"),("C","3"))
,2)
rdd1: org.apache.spark.rdd.RDD[(String, String)] = ParallelCollec
tionRDD[2] at makeRDD at <console>:24

scala> rdd1.count
res2: Long = 3
```

图 10-33　count 算子

3. reduce 算子

根据映射函数 f，对 RDD 中的元素进行二元计算，返回计算结果如图 10-34 所示，命令如下：

```
var rdd1 = sc.makeRDD(1 to 10,2)

rdd1.reduce(_ + _)

var rdd2 = sc.makeRDD(Array(("A", 0), ("A", 2), ("B", 1), ("B", 2), ("C", 1)))

rdd2.reduce(

        (x,y) => {

|        (x._1 + y._1,x._2 + y._2)

|    }

)
```

```
scala> var rdd1 = sc.makeRDD(1 to 10,2)
rdd1: org.apache.spark.rdd.RDD[Int] = ParallelCollectionRDD[3] at
 makeRDD at <console>:24

scala> rdd1.reduce(_ + _)
res3: Int = 55

scala> var rdd2 = sc.makeRDD(Array(("A",0),("A",2),("B",1),("B",2
),("C",1)))
rdd2: org.apache.spark.rdd.RDD[(String, Int)] = ParallelCollectio
nRDD[4] at makeRDD at <console>:24

scala> rdd2.reduce((x,y) => {
     |        |        (x._1 + y._1,x._2 + y._2)
     |        |        })
res4: (String, Int) = (BBCAA,6)
```

图 10-34　reduce 算子

4. collect 算子

collect 用于将一个 RDD 转换成数组，结果如图 10-35 所示，命令如下：

```
var rdd1 = sc.makeRDD(1 to 10,2)
rdd1.collect
```

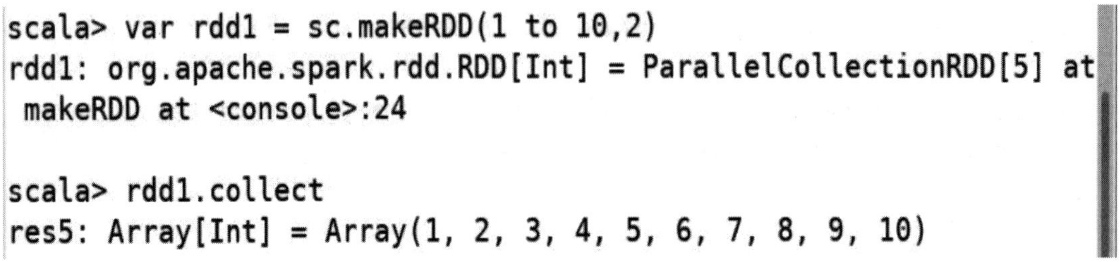

```
scala> var rdd1 = sc.makeRDD(1 to 10,2)
rdd1: org.apache.spark.rdd.RDD[Int] = ParallelCollectionRDD[5] at
 makeRDD at <console>:24

scala> rdd1.collect
res5: Array[Int] = Array(1, 2, 3, 4, 5, 6, 7, 8, 9, 10)
```

图 10-35　collect 算子

5. take 算子

take 用于获取 RDD 中从 0 到 num-1 下标的元素，不排序，结果如图 10-36 所示，命令如下：

```
var rdd1 = sc.makeRDD(Seq(12, 3, 0, 10, 4))
rdd1.take(1)
rdd1.take(2)
```

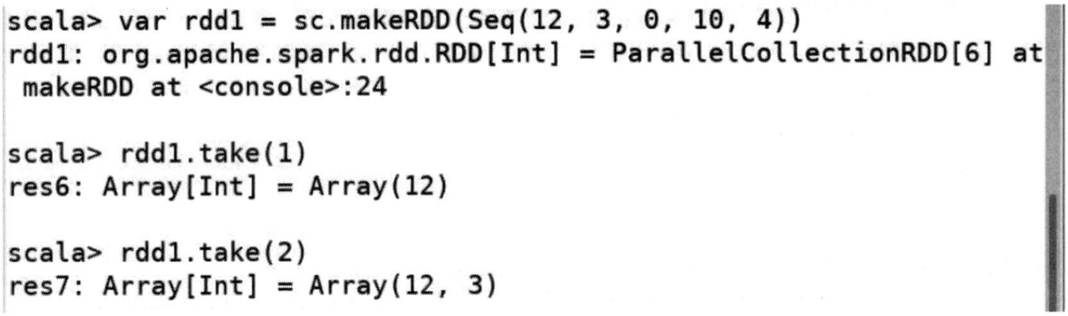

```
scala> var rdd1 = sc.makeRDD(Seq(12, 3, 0, 10, 4))
rdd1: org.apache.spark.rdd.RDD[Int] = ParallelCollectionRDD[6] at
 makeRDD at <console>:24

scala> rdd1.take(1)
res6: Array[Int] = Array(12)

scala> rdd1.take(2)
res7: Array[Int] = Array(12, 3)
```

图 10-36　take 算子

6. top 算子

top 函数用于从 RDD 中，按照默认(降序)或者指定的排序规则，返回前 num 个元素，结果如图 10-37 所示，命令如下：

```
var rdd1 = sc.makeRDD(Seq(10, 4, 2, 12, 3))
rdd1.top(1)
rdd1.top(2)
//指定排序规则
implicit val myOrd = implicitly[Ordering[Int]].reverse
rdd1.top(1)
rdd1.top(2)
```

```
scala> var rdd1 = sc.makeRDD(Seq(10, 4, 2, 12, 3))
rdd1: org.apache.spark.rdd.RDD[Int] = ParallelCollectionRDD[7] at
 makeRDD at <console>:24

scala> rdd1.top(1)
res8: Array[Int] = Array(12)

scala> rdd1.top(2)
res9: Array[Int] = Array(12, 10)

scala> implicit val myOrd = implicitly[Ordering[Int]].reverse
myOrd: scala.math.Ordering[Int] = scala.math.Ordering$$anon$4@583
04c4

scala> rdd1.top(1)
res10: Array[Int] = Array(2)

scala> rdd1.top(2)
res11: Array[Int] = Array(2, 3)
```

图 10-37　top 算子

7. takeOrdered 算子

takeOrdered 和 top 类似，只不过以和 top 相反的顺序返回元素，结果如图 10-38 所示，命令如下：

```
var rdd1 = sc.makeRDD(Seq(10, 4, 2, 12, 3))

rdd1.top(1)

rdd1.top(2)

rdd1.takeOrdered(1)

rdd1.takeOrdered(2)
```

```
scala> var rdd1 = sc.makeRDD(Seq(10, 4, 2, 12, 3))
rdd1: org.apache.spark.rdd.RDD[Int] = ParallelCollectionRDD[12] a
t makeRDD at <console>:26

scala> rdd1.top(1)
res12: Array[Int] = Array(2)

scala> rdd1.top(2)
res13: Array[Int] = Array(2, 3)

scala> rdd1.takeOrdered(1)
res14: Array[Int] = Array(12)

scala> rdd1.takeOrdered(2)
res15: Array[Int] = Array(12, 10)
```

图 10-38　takeOrdered 算子

【学习产出】

学习产出考核评价表如表 10-5 所示。

表 10-5　学习产出考核评价表

评价要素	评价标准	评价方式		分值	得分
		小组评价	教师评价		
职业素养	1. 对待 Spark 相关学习和实践任务专注、细致，以确保数据处理的准确性和安全性。 2. 在涉及 Spark 的项目中，积极与团队成员沟通合作，共同保障数据安全。 3. 合理安排学习和实践时间，高效地完成 Spark 的安装部署及参数调整任务			20	
专业能力	1. 对 Spark 的架构及工作原理理解准确、深入，能够清晰阐述其核心组件和运行流程。 2. 熟练进行 Spark 的安装部署，准确修改各种参数以优化性能，确保数据处理的高效性。 3. 遇到 Spark 安装和参数调整问题时，能迅速定位并解决，确保系统稳定运行			70	
创新能力	1. 能对现有 Spark 安装部署和参数调整方法提出创新性的改进建议，提高系统性能和数据安全性。 2. 能探索 Spark 与其他技术的结合应用，拓展其在大数据处理中的创新场景。 3. 主动学习新的 Spark 技术和最佳实践，尝试将其应用到实际项目中，提升创新能力			10	
总分					
教师评语					

参 考 文 献

[1] 廖大强. 数据采集技术[M]. 北京：清华大学出版社，2022.

[2] 曾文泉，张良均，黄红梅，等. Python 数据分析与应用(微课版) [M]. 2 版. 北京：人民邮电出版社，2021.

[3] 冯兴东，刘鑫. 数据分析与可视化[M]. 北京：人民邮电出版社，2023.

[4] 新华三技术有限公司. 大数据平台运维(中级) [M]. 北京：电子工业出版社，2021.

[5] 程显毅，孙丽丽，宋伟. 大数据运维图解教程[M]. 北京：清华大学出版社，2022.